Calidad de la Energía Eléctrica

UNIVERSITAS

Calidad
de la Energía Eléctrica

Ing. Roberto Enrique Pinto

Prof. Resp. en Calidad de la Energía Eléctrica - Comercialización de la Energía Eléctrica e Instalaciones Eléctricas. Universidad Nacional de Santiago del Estero

UNIVERSITAS
Editorial Científica Universitaria

Diseño de Tapa: Ing. Jorge G. Sarmiento
Autoedición: Marcelo A. Tejerina
Producción Gráfica: Universitas
Autor: Roberto Pinto. Email: robertopinto@yahoo.com.ar

Índice

En las instalaciones eléctricas generalmente se considera que la forma de onda de la tensión suministrada por el proveedor (generador, transportista o distribuidor), es perfectamente sinusoidal y sobre esa base se diseñan la mayoría de elementos y aparatos del sistema. Por ello es que los equipos eléctricos pueden ser muy sensibles a las condiciones técnicas con que se los alimenta (tensión y frecuencia).

En la realidad, muchos aparatos funcionan mal o no funcionan si la onda de tensión eléctrica no es perfectamente sinusoidal, de frecuencia y magnitud nominales constantes en el tiempo. La exactitud, la calidad, las prestaciones y el efectivo servicio que prestan muchos de los elementos y aparatos eléctricos dependen de la calidad de la onda de tensión del suministro.

Sin embargo, en la actualidad, debido al continuo crecimiento de los sistemas eléctricos de potencia y la inclusión dentro de ellos de un mayor número de elementos no lineales, como los equipos electrónicos, han contribuido al incremento de la presencia de formas de onda no sinusoidales en el suministro de la energía eléctrica, por lo que el tratamiento de la calidad de la onda adquiere cada día mayor importancia.

También son relevantes los problemas que causan en los equipos eléctricos las tensiones de alimentación demasiado bajas o altas.

A estas observaciones habría que añadir que a diario en la industria aumenta la instalación de equipos, cada vez más sensibles, que requieren de las empresas prestatarias del servicio de electricidad una mejor calidad en el suministro.

También son muy importantes los cortes de pequeña o gran duración en el suministro, porque pueden provocar perjuicios a todo tipo de usuarios; como industrias con procesos que no admiten interrupciones y se verían sometidos a grandes pérdidas económicas, o también inutilizar varias horas de trabajo en la computadora por la pérdida de información no almacenada.

Todos los profesionales de la electricidad que actúan en las distintas actividades del mercado eléctrico (generación, transmisión, distribución, regulación o consumidores), tanto de la actividad privada como de la estatal, se enfrentan diariamente al problema de la Calidad de la Energía Eléctrica entregada y/o recibida.

Pero son los responsables de abastecerla los que deben resolver los problemas que generan las faltas de calidad, atendiendo los reclamos de los afectados y aplicando las sanciones que les pudiesen corresponder a los consumidores causantes, asesorándolos correctamente para evitar futuras controversias con los mismos.

Los Entes Reguladores deben velar por la Calidad del Suministro entregado, en forma ágil y actualizada.

Inclusive los Grandes Clientes deben tener clara las implicancias que tienen las perturbaciones intrínsecas a un Sistema Eléctrico, a fin de especificar correctamente sus necesidades, tanto de equipamiento como de suministro, y aplicar las medidas correctivas que pudiesen ser necesarias y que la tecnología actual pone a disposición.

Objetivos

El objetivo del presente documento consiste en reunir conceptos para dar una visión del problema de la Calidad en el suministro de energía eléctrica. Esto implica conocer las tendencias actuales en cuanto a los parámetros que definen la Calidad del Producto Técnico, del Servicio Técnico y del Servicio Comercial, y suministrar las herramientas que permitan la detección, identificación y determinación del origen de las deficiencias, buscando:

- Determinar los efectos sobre los componentes del sistema y sobre el sistema.

- Examinar los procedimientos y las técnicas de reducción de esos efectos.

Los contenidos están enfocados desde los puntos de vista de los principales actores involucrados: Distribuidoras de Energía Eléctrica, Entes Reguladores, Usuarios y Fabricantes de equipos; y fueron realizados usando como base los Contratos de Concesión de los Servicios Públicos de Distribución de Energía Eléctrica realizados por la Secretaría de Energía de la Nación para: Edenor, Edesur y Edelap, en Buenos Aires en 1992, ya que estos sirvieron luego de modelo para la confección de la mayoría de Contratos de Privatización llevados adelante en el interior del país, que con algunas modificaciones, son similares a los mencionados.

Para concluir, es importante aclarar que a pesar de que el presente texto ha sido revisado en varias oportunidades tratando de corregir los infaltables errores, estoy convencido que no es fácil dar con todos, por este motivo les solicito que no dejen de ayudarme con los mismos. Muchas gracias.

Roberto Enrique Pinto
robertoepinto@yahoo.com.ar

1

Introducción

Introducción

La energía eléctrica se distribuye utilizando sistemas trifásicos de corriente alternada, o sea, mediante tres tensiones sinusoidales desfasadas en 120°.

Hay cuatro parámetros que caracterizan a estas ondas de tensión y que permiten medir su grado de pureza:

- Frecuencia. Debe ser constante o sus variaciones despreciables.

- Amplitud. Debe ser constante.

- Forma. Debe ser lo más parecida posible a una onda sinusoidal.

- Simetría. Las tensiones de fase o de línea deben ser iguales y desfasadas de manera que el sistema sea simétrico.

Las centrales eléctricas producen una onda sinusoidal de 50 Hz prácticamente perfecta, aunque en realidad la tensión generada por los generadores sincrónicos no es perfectamente senoidal y tiene una cierta distorsión total.

- En el caso de alternadores con rotor cilíndrico, como los accionados por turbinas a vapor o gas, en los que el entrehierro es prácticamente uniforme, la distorsión es muy pequeña.

- En el caso de los alternadores lentos, con expansiones polares, como los accionados por turbinas hidráulicas, el entrehierro es menos uniforme y la distorsión es baja, pero es más apreciable.

Sin embargo, desde el punto de vista del suministro al consumidor, los parámetros mencionados se consideran constantes en la generación.

Luego, en el proceso de transporte y distribución de la energía desde las centrales hasta los puntos de consumo final a través de las redes eléctricas, estas magnitudes sufren alteraciones que pueden afectar a determinados usuarios.

Estas variaciones tienen su origen:

✦ en las propias instalaciones eléctricas, como consecuencia de maniobras, averías, etc.;

✦ en fenómenos naturales, como descargas atmosféricas;

✦ en el funcionamiento normal de determinadas cargas, como puentes rectificadores, hornos de arco, etc.; que las transmiten a las demás cargas a través de la red eléctrica.

Definición de Calidad

• **Calidad:** Propiedad o conjunto de propiedades inherentes a una cosa, que permiten apreciarla como igual, mejor o peor que las restantes de su especie. (Diccionario de la Real Academia, 1ᵃ acepción).

• **Calidad:** Concepto asociado a un **Producto** ó **Servicio certificado** por cumplir con alguna de las Normas de Garantía de la Calidad. (acepción Técnico-Comercial)

• **Calidad del servicio eléctrico:** es el conjunto de características técnicas y comerciales propias del suministro eléctrico exigibles por los consumidores y por los Entes Reguladores.

Calidad del Servicio Eléctrico

Ante la pregunta: *¿Qué espera el Cliente de la energía eléctrica que se le suministra?*, se pueden dar las siguientes tres respuestas igualmente importantes:

• La menor cantidad y tiempo de cortes.

  ✦ Calidad del Servicio Técnico.

• El nivel de tensión más adecuado.

  ✦ Calidad del Producto Técnico.

• La mejor atención posible.

  ✦ Calidad del Servicio Comercial.

La **Calidad de Servicio** en la Argentina esta establecida en:

• Decreto Nacional N° 1398/1992 (reglamentario de la Ley Nacional N° 24.065 - Marco Regulatorio Eléctrico Nacional), artículo 56°, inciso b),

• Procedimientos de CAMMESA - Compañía Argentina del Mercado Eléctrico Mayorista, Anexo 16 y 27,

• Contratos de Concesión, Anexos "Normas de Calidad del Servicio Público y Sanciones", de las Transportistas y de las Distribuidoras.

En estas disposiciones legales se determina que son obligaciones de las Transportistas y Distribuidoras el prestar el servicio público conforme a los niveles de calidad en ellos detallados, efectuando las inversiones y realizando el mantenimiento necesario para garantizar esos niveles de calidad del servicio. También se establece que su no cumplimiento da lugar a la aplicación de multas basadas en el perjuicio económico ocasionado al usuario que recibió un servicio en condiciones no satisfactorias, y los montos se calculan de acuerdo a determinadas metodologías.

Los Entes Reguladores, como autoridades de aplicación de los marcos regulatorios eléctricos nacional y provinciales, son los encargados de controlar el fiel cumplimiento de las obligaciones establecidas en los Contratos de Concesión.

Calidad del Suministro

El suministro de energía eléctrica debe realizarse con una calidad adecuada, de manera que los aparatos que la utilizan funcionen correctamente.

La calidad del suministro básicamente queda definida por los siguientes tres factores:

- Continuidad del servicio

- Regulación de la tensión

- Control de la frecuencia.

Continuidad del Servicio

La continuidad del suministro viene determinada por el número y la duración de las interrupciones, y éstas pueden ser imprevistas o programadas.

La energía eléctrica tiene actualmente una gran importancia en la vida moderna y un corte en el suministro puede causar problemas y pérdidas económicas relevantes.

Para asegurar su continuidad se deben tomar medidas indispensables para hacer frente a las fallas que puedan suceder en algún elemento, siendo las principales:

- Disponer de reserva de generación adecuada para hacer frente a la posible salida de servicio, o indisponibilidad, de cierta capacidad de generación.

- Disponer de sistemas de protección automática que permitan eliminar con la rapidez necesaria cualquier elemento del sistema que ha sufrido una avería.

- Diseñar el sistema de manera que la falla y desconexión de un elemento tenga la menor repercusión posible sobre el resto del sistema.

- Disponer de circuitos de alimentación de emergencia para hacer frente a una falla en la alimentación normal.

- Disponer de los medios para un restablecimiento rápido del servicio, disminuyendo así la duración de las interrupciones, cuando éstas no han podido ser evitadas.

Regulación de la Tensión

Los aparatos que funcionan con electricidad están preparados para trabajar satisfactoriamente a una determinada tensión, siempre que la misma se encuentre dentro de cierta tolerancia.

Por ejemplo, se puede observar lo que sucede en los elementos más comunes que se encuentran en todas las instalaciones, ya sean residenciales, comerciales o industriales, cuando varía la tensión de alimentación:

- Las <u>lámparas incandescentes</u> alimentadas con una tensión menor que la nominal disminuye el flujo luminoso. Con una tensión un 10% menor, el flujo se reduce al 70%, y el consumo de la lámpara al 85%. Con un 10% de aumento de la tensión, la vida teórica de la lámpara se reduce al 30% de la nominal.

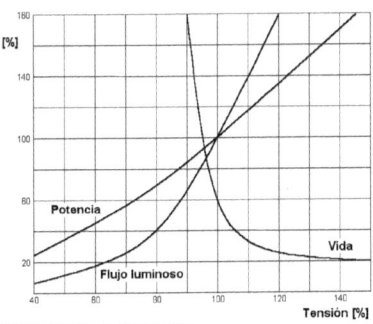

Lámparas incandescentes

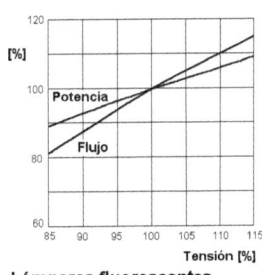

Lámparas fluorescentes

- En las <u>lámparas fluorescentes</u> la variación del flujo luminoso con la tensión de alimentación es menor que en las anteriores. Pero en este caso, una tensión baja puede provocar el no encendido de la lámpara si la misma es del 90% o menor que la nominal. Las tensiones elevadas provocan el calentamiento de los balastos. Cualquiera de estas anomalías disminuyen la vida útil de estas lámparas.

- En los <u>aparatos calefactores por resistencia eléctrica</u> la energía consumida es directamente proporcional a la tensión de alimentación elevada al cuadrado ($P = U^2/R$), razón por la cuál, una tensión inferior a la nominal disminuye considerablemente el calor que produce. Una tensión muy alta reduce la vida útil del aparato conectado.

- En los <u>motores asincrónicos</u> las características varían en función de la tensión aplicada, lo que se puede observar en la siguiente figura. El par de arranque es proporcional al cuadrado de la tensión aplicada, por lo que su valor se disminuye considerablemente para tensiones bajas. Éstas, también aumentan la corriente de plena carga pudiendo provocar calentamientos excesivos del motor. En cambio la velocidad del motor varía muy poco con las variaciones de tensión. En general, los motores asincrónicos se diseñan para trabajar satisfactoriamente con variaciones de la tensión nominal en ± 10%.

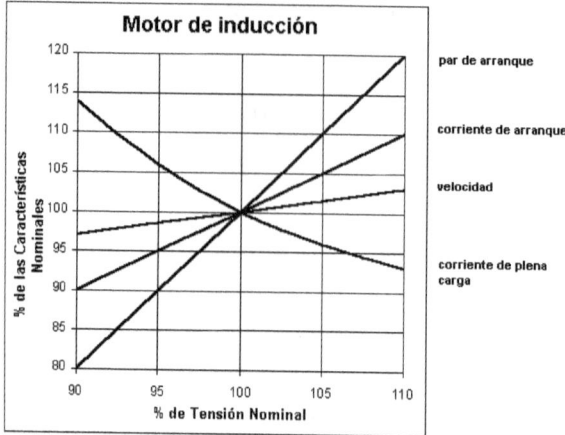

- Los <u>equipos electrónicos</u> se diseñan para operar con distintas tolerancias de la tensión nominal, pero en general sus vidas útiles se reducen considerablemente cuando funcionan a tensiones de alimentación mayores a la nominal. En el Capítulo 15, Sistemas de Corrección de Perturbaciones, se analizan estos inconvenientes.

Estos sencillos ejemplos sirven para aclarar sobre la gran importancia que tiene la regulación de la tensión en los sistemas eléctricos. Generalmente variaciones de ± 5% de la tensión nominal en los puntos de conexión se consideran satisfactorios para la mayoría de las cargas, y variaciones de ± 10% pueden ser tolerables.

Control de la Frecuencia

Se dice que existen variaciones de frecuencia en un sistema eléctrico de corriente alterna cuando se produce una alteración del equilibrio entre carga y generación.

La frecuencia del sistema esta directamente relacionada con la velocidad de giro, es decir, con el número de revoluciones por minuto de los generadores sincrónicos.

Las variaciones de frecuencia son definidas como la desviación de la frecuencia fundamental (50 Hz) del sistema de potencia, es decir de su valor nominal.

Permanentemente existen pequeñas variaciones en la frecuencia como consecuencia del balance dinámico entre la generación y la carga. La magnitud de esas desviaciones y su duración depende de las características de la carga y de la respuesta del control de la generación a los cambios de carga.

En los modernos sistemas de potencia interconectados los cambios significativos de frecuencia se dan en forma muy rara.

En nuestro país el equipamiento eléctrico, principalmente los generadores y los transformadores, están diseñados para funcionar a 50 Hz, al igual que los aparatos de utilización.

Las variaciones de frecuencia que pueden admitirse en un sistema dependen de las características de los aparatos eléctricos y del funcionamiento del sistema.

Las cargas resistivas -por ejemplo lámparas incandescentes, estufas eléctricas, etc.-, son insensibles a las variaciones de frecuencia. En cambio, los motores eléctricos si son afectados, porque la variación de la frecuencia causa una variación del mismo signo de la potencia consumida, lo que en algunas aplicaciones -como ventiladores y bombas centrífugas- una variación de la frecuencia del 1% con respecto a su valor nominal puede significar variaciones del 3% al 10% de la potencia consumida.

En un sistema eléctrico de potencia una disminución del 1% de la frecuencia provoca una disminución del 1,5% a 2% de la carga conectada.

En general, para que los aparatos eléctricos funcionen bien sólo se necesita controlar las variaciones de frecuencia con una precisión del 1%.

Durante el funcionamiento de un sistema eléctrico de potencia, si existe equilibrio entre las potencias producidas por los alternadores y las potencias absorbidas por las cargas más las pérdidas técnicas, los generadores sincrónicos estarán girando a la velocidad correspondiente a la frecuencia nominal y cada uno aportará una determinada generación de acuerdo al orden de despacho, él que persigue minimizar los costos con un determinado nivel de confiabilidad.

Cuando se producen variaciones de la carga conectada al sistema, se ocasionan desequilibrios que se reflejan en variaciones de la velocidad de rotación de las máquinas y, por lo tanto, de la frecuencia. Los reguladores de velocidad de cada generador detectan la variación y actúan sobre las alimentaciones de los impulsores hasta conseguir un nuevo estado de equilibrio, que puede ser a la frecuencia nominal o a una frecuencia levemente diferente de la nominal, debido a las distintas características de funcionamiento de los diferentes tipos de generadores y a sus reguladores de velocidad. Después de este evento, seguramente, habrá variado la repartición de la producción de energía eléctrica entre los generadores y no responderán al despacho óptimo. Por ello se deben efectuar precisos controles que restablezcan las condiciones anteriores. En la actualidad es común controlar la frecuencia con precisiones del orden de ± 0,05 Hz.

Además de la estabilidad, la frecuencia del sistema debe ser lo más pura posible, o sea sin armónicas o con porcentajes despreciables.

Conclusiones

De todo lo anterior podemos comprender que algunas de las características de la electricidad dependen de los agentes del mercado –generadores, transportistas, distribuidores, grandes usuarios- como también de los fabricantes de equipos y de los pequeños usuarios.

Actualmente la **Calidad del Servicio** suministrado por las empresas concesionadas es controlada por los Entes Reguladores, en los siguientes aspectos:

- **Calidad del Servicio Técnico**: (frecuencia y duración total de las interrupciones).

- **Calidad del Producto Técnico**: (nivel de tensión y perturbaciones).

- **Calidad del Servicio Comercial**: (tiempos de respuesta para conectar nuevos usuarios, emisión de facturación estimada, reclamos por errores de facturación, restablecimiento del suministro suspendido por falta de pago).

2

Parámetros Eléctricos

Funciones Periódicas

Se dice que una función es **periódica** si está definida para toda x real y si existe algún número positivo T tal que:

$$f(x) = f(x + T) \qquad \text{para toda } x$$

A este número T se le llama **período** de $f(x)$. La gráfica de esta función se obtiene por repetición periódica de su gráfica en cualquier intervalo de longitud T.

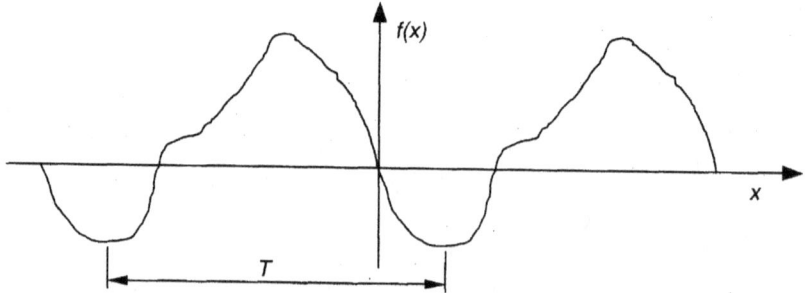

Son ondas periódicas, por ejemplo, las funciones **seno** y **coseno**, mientras que no son periódicas las funciones x^2, x^3, e^x, **Ln x**, etc.

Las siguientes definiciones son aplicables a corrientes, tensiones o cualquier otra función de tiempo:

- Una **cantidad es oscilatoria** cuando, siendo función de alguna variable independiente (tiempo), aumenta y disminuye alternativamente de valor permaneciendo siempre dentro de límites definidos.

- Una **cantidad es periódica** cuando siendo oscilatoria sus valores se repiten para incrementos iguales de la variable independiente.

- **Período** de una cantidad periódica es el mínimo valor del incremento de la variable independiente que separa valores repetidos de dicha cantidad.

- **Ciclo** es la serie completa de valores de una cantidad periódica que se suceden durante un período.

- **Frecuencia** de una cantidad periódica, en la cuál el tiempo sea la variable independiente, es la recíproca del período.

- **Velocidad angular** de una cantidad periódica es la frecuencia multiplicada por 2π.

- Una **cantidad es alternativa** cuando siendo periódica tiene alternativamente valores positivos y negativos.

Parámetros eléctricos

Los parámetros que definen una Tensión o una Corriente alterna son:

- ✦ Frecuencia / período
- ✦ Forma de onda
- ✦ Valor pico
- ✦ Valor eficaz
- ✦ Valor medio
- ✦ Factor de cresta
- ✦ Factor de forma

Frecuencia / período

La **frecuencia** es el número de veces que se repite la señal en un segundo.

$$f = 50 \text{ Hz}$$

El **período** es la inversa de la frecuencia.

$$T = 1 / f = 1 / (50 \text{ c/s}) = 0,02 \text{ segundos}$$

$$T = 20 \text{ milisegundos}$$

Forma de onda

Definida por su expresión matemática:

$$e(t) = E_{máx} \cdot sen(\omega t)$$

La forma de onda depende de las cargas de la instalación, y puede ser:

✦ Onda senoidal

✦ Onda pulsante

✦ Onda cuadrada

✦ etc.

Onda no senoidal ⇒ Señal deformada

Valor instantáneo

El **valor instantáneo** de una corriente alterna (o una tensión alterna) es el correspondiente a la intensidad de corriente (o de tensión) en cualquier instante.

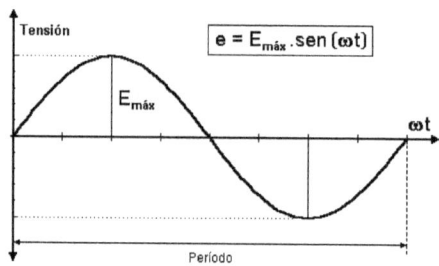

Donde:

$$\omega = 2 \cdot \pi \cdot f = \frac{2 \cdot \pi}{T}$$

Valor pico

También se denomina **valor cresta** o **Amplitud**.

Es el valor instantáneo máximo que alcanza la tensión o la corriente (para 220 V es: $E_{máx} = 311$ V).

• Es muy importante en la actualidad porque las PC, UPS, variadores de velocidad y cualquier equipo o máquina con rectificadores o fuentes de alimentación utiliza el valor pico de la señal de tensión para alimentar los circuitos internos.

• Los diodos rectificadores sólo conducen cuando se alcanza el valor pico o próximo a él.

• Si el valor pico no es el adecuado se produce un mal funcionamiento de las PC, de los variadores de velocidad con paro de las cadenas de producción, etc.

Valor eficaz

También se denomina **valor efectivo** o **valor RMS** (Root Medium Square = raíz cuadrática media).

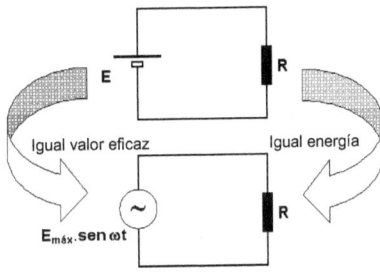

Es el valor de alterna que produce la misma disipación de potencia sobre una resistencia que un valor de continua.

Es la raíz cuadrada del valor promedio de la función periódica elevada al cuadrado durante un período completo:

$$E = E_{rms} = \sqrt{\text{promedio de } e^2(t)} = \sqrt{\frac{1}{T} \cdot \int_0^T [e(t)]^2 \cdot dt}$$

La potencia instantánea en una resistencia está dada por:

$$p(t) = [i(t)]^2 \cdot R$$

La corriente periódica **i(t)** tiene el **valor eficaz** o **RMS** si una corriente constante de ese valor produce la misma potencia promedio de la corriente periódica:

$$I_{rms}^2 \cdot R = \frac{1}{T} \cdot \int_0^T [i(t)]^2 \cdot R \cdot dt$$

Por lo cuál:

$$I_{rms} = \sqrt{\frac{1}{T} \cdot \int_0^T [i(t)]^2 \cdot dt}$$

Para una tensión senoidal pura está dada por:

$$E = E_{rms} = \sqrt{\frac{1}{T} \cdot \int_0^T [e(\omega t)]^2 \cdot d\omega t} = \sqrt{\frac{1}{2\pi} \cdot \int_0^{2\pi} E_{máx}^2 \cdot sen^2(\omega t) \cdot d\omega t}$$

Se utiliza la integral de la función seno al cuadrado: $\int sen^2 ax \cdot dx = \frac{1}{2} \cdot x - \frac{1}{4a} \cdot sen\, 2ax$

$$E^2 = \frac{E_{máx}^2}{2\pi} \cdot \left[\frac{1}{2}\omega t - \frac{1}{4} sen\, 2\omega t\right]_0^{2\pi} = \frac{E_{máx}^2}{2\pi}\left[\left(\frac{2\pi}{2} - \frac{1}{4} sen\, 4\pi\right) - \left(0 - \frac{1}{4} sen\, 0\right)\right] = \frac{E_{máx}^2}{2\pi}\left[(\pi - 0) - (0 - 0)\right] =$$

$$E^2 = E_{rms}^2 = \frac{E_{máx}^2}{2\pi} \cdot \pi = \frac{E_{máx}^2}{2}$$

$$E = E_{rms} = \frac{E_{máx}}{\sqrt{2}}$$

De donde:

$$e = \sqrt{2} \cdot 220 \cdot sen(2\pi \cdot 50 \cdot t)$$

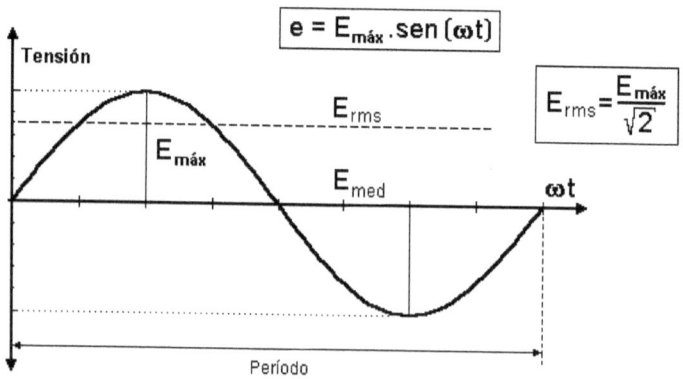

Ejemplo: Determinación del valor eficaz de la forma de onda de la figura, de período 2π.

- Para: $0 < \omega t < \pi$ $e = E_{máx} \cdot sen\, \omega t$

- Para: $p < \omega t < 2\pi$ $e = 0$

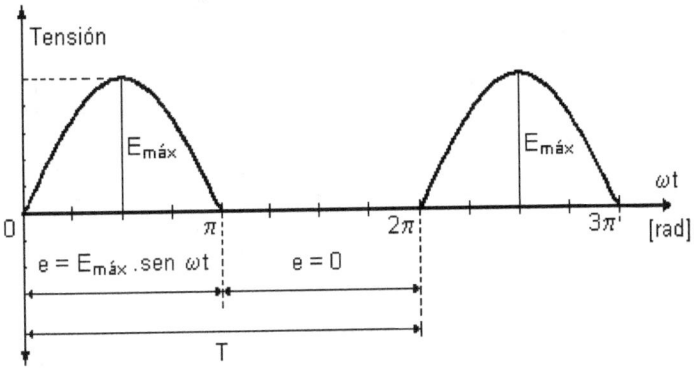

$$E = E_{rms} = \sqrt{\frac{1}{T} \int_0^T \left[e(\omega t) \right]^2 \cdot d\omega t} = \sqrt{\frac{1}{2\pi} \int_0^{2\pi} E_{max}^2 \cdot sen^2 (\omega t) \cdot d\omega t}$$

Utilizando la integral de la función seno al cuadrado: $\int sen^2 ax \cdot dx = \frac{1}{2} \cdot x - \frac{1}{4a} \cdot sen\ 2ax$

$$E_{rms}^2 = \frac{1}{2\pi} \cdot \int_0^{\pi} E_{max}^2 \cdot sen^2 (\omega t) \cdot d\omega t = \frac{E_{max}^2}{2\pi} \cdot \left[\frac{1}{2} \omega t - \frac{1}{4} sen\ 2\omega t \right]_0^{\pi}$$

$$E_{rms}^2 = \frac{E_{max}^2}{2\pi} \left[\left(\frac{\pi}{2} - \frac{1}{4} sen\ 2\pi \right) - \left(0 - \frac{1}{4} sen\ 0 \right) \right] = \frac{E_{max}^2 \cdot \pi}{4 \cdot \pi} = \frac{E_{max}^2}{4}$$

$$E_{rms} = \frac{E_{max}}{2}$$

Valor medio

También se denomina **valor promedio**.

Se define como el **valor medio** de una tensión o de una corriente, en un intervalo de tiempo dado (normalmente el período **T** de la función periódica), al área bajo la curva dividida entre el intervalo de tiempo.

$$E_{med} = \frac{\text{área bajo la curva}}{\text{intervalo de tiempo}} \qquad\qquad f(t) = \frac{1}{T} \cdot \int_0^T f(t) \cdot dt$$

En una corriente alterna sinusoidal, el valor medio durante un período es nulo: en efecto, los valores positivos se compensan con los negativos.

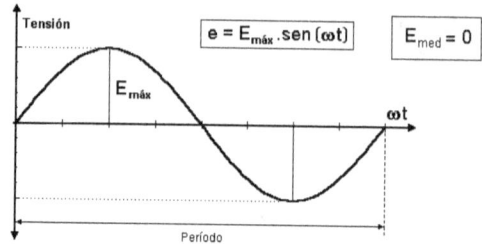

Cuando se rectifica, el período de la onda se reduce a la mitad, y el valor medio de una senoidal rectificada es:

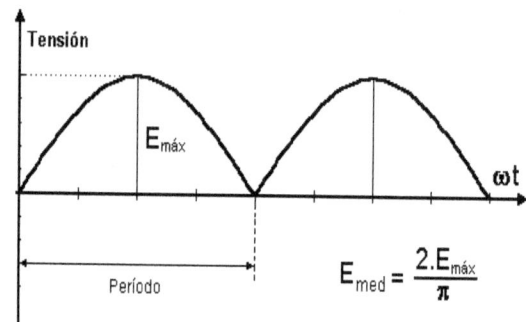

$$E_{med} = \frac{1}{T/2} \cdot \int_{t}^{t+T/2} e(t) \cdot dt = \frac{1}{\pi} \cdot \int_{\omega t}^{\omega t+\pi} E_{máx} \cdot sen(\omega t) \cdot d\,\omega t = \frac{1}{\pi} \cdot \left[-E_{máx} \cdot cos(\omega t) \right]_{\omega t}^{\omega t+\pi} = \frac{2}{\pi} \cdot E_{máx}$$

Factor de cresta

También se llama factor de pico o factor de amplitud.

Es la relación entre el valor pico (cresta) y el valor eficaz de una forma de onda periódica.

$$CF = \frac{valor\ pico}{valor\ eficaz}$$

- Indica la deformación de una onda periódica.

- Para una señal senoidal pura vale: $\sqrt{2} = 1,414$

- Indica que el valor de pico es 1,414 veces superior al valor eficaz de la señal.

- Cuando la señal es deformada el valor de pico puede ser hasta 4 veces el valor eficaz.

Factor de forma

El **factor de forma** de una señal alterna simétrica es la relación entre el valor eficaz de la misma y el valor medio de su semiperíodo.

$$\text{Factor de forma} = \frac{E_{rms}}{E_{med}} = \frac{\dfrac{E_{máx}}{\sqrt{2}}}{\dfrac{2 \cdot E_{máx}}{\pi}} = \frac{\pi}{2 \cdot \sqrt{2}} = 1,11$$

- Depende de la forma de la onda.

- Para una tensión o corriente alterna sinusoidal el **factor de forma** vale siempre: **1,11**.

- Es mayor cuanto más deformada es la onda.

3

Análisis de Fourier

Series de Fourier

Cualquier forma de onda periódica, $f(t) = f(t+T)$, puede expresarse con las series de Fourier, siempre que cumpla con las *condiciones de Dirichlet*:

1. Si es discontinua, solamente habrá un número finito de discontinuidades en el período T.

2. Tiene un valor promedio finito en el período T.

3. Tiene un número finito de máximos positivos y negativos en el período T.

La serie de Fourier en forma trigonométrica es:

$$f(t) = a_0 + a_1.\cos \omega t + a_2.\cos 2\omega t + \ldots + b_1.\text{sen } \omega t + b_2.\text{sen } 2\omega t + \ldots$$

donde: $a_0, a_1, a_2, \ldots, b_1, b_2, \ldots$ son los **coeficientes** de la serie, y son constantes reales.

Una función periódica, de período 2π, que puede representarse por una serie trigonométrica:

$$f(x) = a_0 + \sum_{n=1}^{\infty} \left(a_n \cdot \cos nx + b_n \cdot \text{sen } nx \right)$$

se supone que esta serie converge y que su suma es **f(x)**.

- Para determinar el coeficiente **a_0** se integra ambos miembros entre $-\pi$ y π.

- Para determinar los coeficientes **a_1, a_2, a_3**,... se multiplica ambos miembros por **cos nx**, donde **n** es cualquier entero positivo fijo, y se integra de $-\pi$ a π.

- Para determinar los coeficientes **b_1, b_2, b_3**,... se multiplica por **sen nx** y se integra de $-\pi$ a π.

Coeficientes de Fourier - Fórmulas de Euler

$$a_0 = \frac{1}{2\pi} \int_{-\pi}^{\pi} f(x) \cdot dx \qquad a_n = \frac{1}{\pi} \int_{-\pi}^{\pi} f(x) \cdot \cos nx \cdot dx \qquad b_n = \frac{1}{\pi} \int_{-\pi}^{\pi} f(x) \cdot \operatorname{sen} nx \cdot dx$$

$n = 1, 2, 3, \ldots$

La Serie de Fourier esta compuesta por el **valor medio** de la función (a_0) y una sumatoria de términos con cosenos y senos que son las **armónicas** de la función.

Para cualquier función periódica dada de período 2π, continua o tan sólo continua por secciones (continua salvo por un número finito de saltos en el intervalo de integración), se pueden calcular los Coeficientes de Fourier y usarlos para formar las Series de Fourier.

- Las series, con coeficientes obtenidos de las anteriores integrales de evaluación, convergen uniformemente a las funciones en todos los **puntos de continuidad** y convergen al valor medio en los **puntos de discontinuidad**.

Análisis espectral

El **espectro de frecuencia** o **espectro de línea** es un método práctico que permite la representación de las armónicas de una señal periódica.

El espectro de frecuencia, también llamado **diagrama de barras** o **análisis espectral**, es un histograma que indica la amplitud de cada armónica en función del rango.

Indica que armónicas están presentes y su importancia relativa, o sea, relacionan las amplitudes de los diferentes términos de la Serie de Fourier y la frecuencia o el orden.

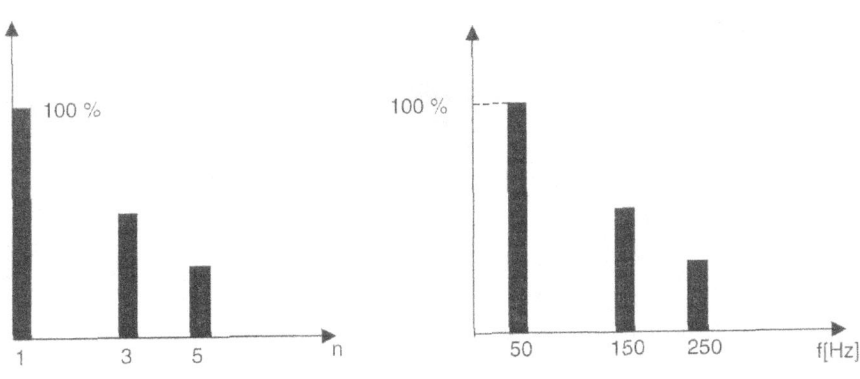

En el espectro de frecuencia las líneas decrecen pronto para ondas con series rápidamente convergentes.

Las ondas con discontinuidades, como las ondas cuadradas y diente de sierra, tienen espectros con amplitudes que descienden con lentitud ya que sus series tienen armónicas muy altas (armónicas de $10°$ orden tienen amplitudes de valor significativo en comparación con la fundamental).

Las series de formas de onda sin discontinuidades y con apariencia general suave convergerán rápidamente y sólo requerirán unos cuantos términos para generar la onda. La convergencia será evidente en el espectro, donde las amplitudes de armónicas decrecen pronto, de modo que las armónicas arriba de la $5°$ o $6°$ son insignificantes.

Para la serie trigonométrica de Fourier las amplitudes armónicas se calculan según las siguientes expresiones:

$$c_0 = \left| \frac{1}{2} a_0 \right| \qquad c_n = \sqrt{a_n^2 + b_n^2} \qquad (n \geq 1)$$

Onda cuadrada

La Serie de Fourier de la función periódica *f(x)* cuya fórmula es:

- $f(x) = -k$ si $-\pi < x < 0$

- $f(x) = k$ si $0 < x < \pi$

- $f(x) = f(x + 2\pi)$

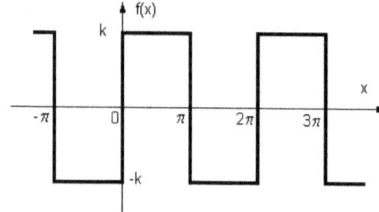

- El valor de $f(x)$ en un solo punto no afecta la integral, por lo que puede dejarse indefinida $f(x)$ en $\mathbf{x = 0}$, y en $\mathbf{x = \pm \pi}$.

- El coeficiente $\mathbf{a_0 = 0}$, lo que se puede determinar por la fórmula de Euler u observando en el gráfico el área bajo la curva entre $-\pi$ y π.

$$a_n = \frac{1}{\pi} \int_{-\pi}^{\pi} f(x) \cdot \cos nx \cdot dx = \frac{1}{\pi} \left[\int_{-\pi}^{0} (-k) \cdot \cos nx \cdot dx + \int_{0}^{\pi} k \cdot \cos nx \cdot dx \right]$$

$$a_n = \frac{1}{\pi} \left(\left[-k \frac{\operatorname{sen} nx}{n} \right]_{-\pi}^{0} + \left[k \frac{\operatorname{sen} nx}{n} \right]_{0}^{\pi} \right) = 0$$

Porque el **sen nx = 0** en $-\pi$, 0, π para todo n = 1, 2, 3, …; **aₙ = 0**

$$b_n = \frac{1}{\pi}\int_{-\pi}^{\pi} f(x)\cdot \text{sen } nx \cdot dx = \frac{1}{\pi}\left[\int_{-\pi}^{0}(-k)\cdot \text{sen } nx\cdot dx + \int_{0}^{\pi}k\cdot \text{sen } nx\cdot dx\right]$$

$$b_n = \frac{1}{\pi}\left(\left[k\frac{\cos nx}{n}\right]_{-\pi}^{0} - \left[k\frac{\cos nx}{n}\right]_{0}^{\pi}\right)$$

puesto que: $\cos(-\alpha)=\cos\alpha$

$$\cos 0 = 1$$

$$b_n = \frac{k}{n\pi}\left[\cos 0 - \cos(-n\pi) - \cos n\pi + \cos 0\right] = \frac{2k}{n\pi}(1-\cos n\pi)$$

$\cos \pi = -1$; $\cos 2\pi = 1$; $\cos 3\pi = -1$; $\cos 4\pi = 1$; …

$(1 - \cos n\pi) = 2$ para **n** impar

$(1 - \cos n\pi) = 0$ para **n** par

Entonces los coeficientes serán:

$b_1 = \dfrac{4k}{\pi}$	$b_2 = 0$	$b_3 = \dfrac{4k}{3\pi}$	$b_4 = 0$	$b_5 = \dfrac{4k}{5\pi}$

La **síntesis de Fourier** es la recombinación de los términos de la serie:

$$f(x) = \frac{4k}{\pi}\text{sen }\omega t + \frac{4k}{3\pi}\text{sen }3\omega t + \frac{4k}{5\pi}\text{sen }5\omega t + ...$$

Onda diente de sierra

La Serie de Fourier de la función periódica *f(x)* cuya fórmula es:

- $f(t) = (10/2\pi)\,\omega t$ si $0 < \omega t < 2\pi$
- $f(t) = f(t + 2\pi)$

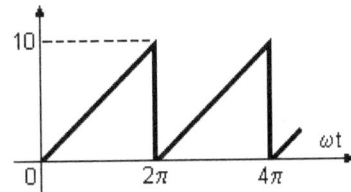

El valor medio de la función es $a_0 = 5$ de la simple inspección del gráfico, y se puede calcular con el coeficiente de Euler:

$$a_0 = \frac{1}{2\pi}\int_0^{2\pi} f(x)\cdot dx = \frac{1}{2\pi}\int_0^{2\pi}\frac{10}{2\pi}wt\cdot dwt = \frac{1}{2\pi}\cdot\frac{10}{2\pi}\left[\frac{1}{2}(wt)^2\right]_0^{2\pi} = \frac{10}{4\pi^2}\left[\frac{1}{2}\left(4\pi^2 - 0\right)\right] = \frac{10}{4\pi^2}\cdot 2\pi^2 = 5$$

$$a_n = \frac{1}{\pi}\int_0^{2\pi}\left(\frac{10}{2\pi}\right)wt\cdot\cos nwt\cdot dwt = \frac{10}{2\pi^2}\int_0^{2\pi}wt\cdot\cos nwt\cdot dwt$$

Esta integral de un producto se calcula como sigue:

$$\int f(x)\cdot g'(x)\cdot dx = f(x)\cdot g(x) - \int f'(x)\cdot g(x)\cdot dx$$

$$f(x) = wt \qquad\qquad f'(x) = 1 \qquad\qquad\text{(derivada)}$$

$$g'(x) = \cos nwt \qquad\qquad g(x) = \frac{1}{n}\cdot\text{sen } nwt \qquad\text{(anti derivada)}$$

$$\int_0^{2\pi}\omega t\cdot\cos n\omega t\cdot\omega t = \left[\omega t\cdot\frac{1}{n}\text{sen }n\omega t\right]_0^{2\pi} - \int 1\cdot\frac{1}{n}\text{sen }n\omega t\cdot d\omega t = -\frac{1}{n}\left[-\frac{1}{n}\cdot\cos n\omega t\right]_0^{2\pi} = \frac{1}{n^2}(1-1) = 0$$

$$a_n = \frac{10}{2\pi^2}\cdot 0 = 0$$

De este modo las series no contienen términos en cosenos.

$$b_n = \frac{10}{2\pi^2}\int_0^{2\pi}\omega t\cdot\text{sen }n\omega t\cdot d\omega t \quad \begin{cases} f(x) = \omega t & f'(x) = 1 \\ g'(x) = \text{sen }n\omega t & g(x) = -\frac{1}{n}\cdot\cos n\omega t \end{cases}$$

$$\int_0^{2\pi}\omega t\cdot\text{sen }n\omega t\cdot\omega t = \left[-\omega t\cdot\frac{1}{n}\cos n\omega t\right]_0^{2\pi} - \int_0^{2\pi}1\cdot\left(-\frac{1}{n}\cos n\omega t\right)\cdot d\omega t = \left(-2\pi\cdot\frac{1}{n} - 0\right) - \frac{1}{n^2}\left[\text{sen }n\omega t\right]_0^{2\pi} = -\frac{2\pi}{n}$$

Lo que permite calcular los coeficientes b_n:

$$b_n = \frac{10}{2\pi^2}\cdot\left(-\frac{2\pi}{n}\right) = -\frac{10}{\pi.n}$$

La serie va a estar formada por el valor medio y los coeficientes de los términos seno:

$$f(t) = 5 - \frac{10}{\pi}\text{sen }wt - \frac{10}{2\pi}\text{sen }2wt - \frac{10}{3\pi}\text{sen }3wt - ... = 5 - \frac{10}{\pi}\cdot\sum_1^{\infty}\frac{\text{sen }nwt}{n}$$

Simetrías de formas de onda

Una función es **par** si: $\quad f(x) = f(-x)$ $\quad$; por ejemplo la función: $\quad f(x) = \cos nx$

Una función es **impar** si: $\quad f(x) = -f(-x)$ $\quad$; por ejemplo la función: $\quad f(x) = \operatorname{sen} nx$

Función par: $f(x) = f(-x)$ $\qquad\qquad$ **Función impar**: $f(x) = -f(-x)$

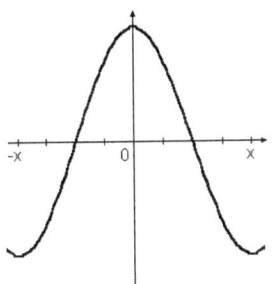 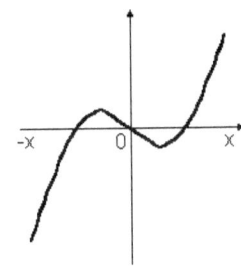

La suma o producto de dos o más **funciones pares** es una función par, y con la adición de una constante, la naturaleza par de la función se mantiene.

La suma de dos o más **funciones impares** es una función impar, pero la adición de una constante elimina la naturaleza impar de la función. El producto de dos funciones impares es una función par.

- La serie de Fourier de una función par es una serie de Fourier de cosenos:

$$f(x) = a_0 + \sum_{n=1}^{\infty} \left(a_n \cdot \cos nx\right)$$

- La serie de Fourier de una función impar es una serie de Fourier de senos:

$$f(x) = \sum_{n=1}^{\infty} b_n \cdot \operatorname{sen} nx$$

- Una función periódica tiene **simetría de media onda** si $f(x) = -f(x + T/2)$, donde T es el período.

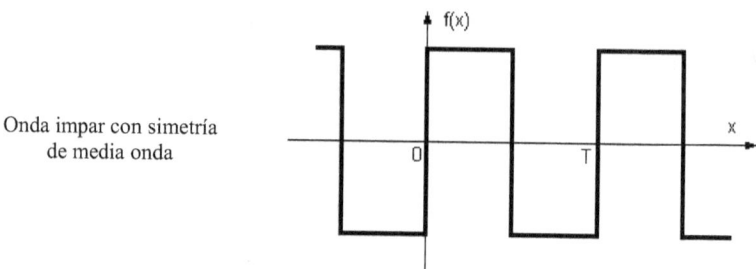

Onda impar con simetría
de media onda

Conclusiones

- Si la forma de onda es **par**, todos los términos de las series de Fourier son términos con **coseno**, incluyendo una constante si la forma de onda tiene el valor promedio distinto de cero.

- Si es **impar**, la serie contiene solamente términos en **seno**. La onda puede ser impar sólo después de que su valor medio sea sustraído. En tal caso su representación Fourier simplemente contendrá la constante y una serie de términos en seno.

- Si la forma de onda tiene **simetría de media onda**, solamente están presentes en la serie armónicas impares. Esta serie contendrá ambos términos en seno y coseno a menos que la función sea también impar o par. En cualquier caso a_n y b_n son iguales a cero para ($n = 2, 4, 6,\ldots$) para cualquier forma de onda con simetría de media onda. Pueden estar presentes sólo después de la sustracción del valor medio.

- Ciertas formas de onda pueden ser pares o impares según la localización del eje vertical:

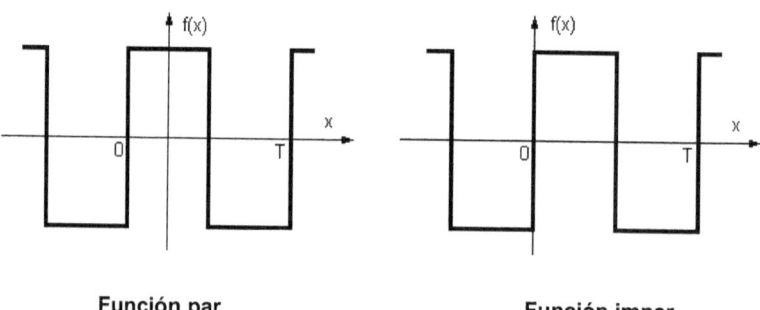

Función par   Función impar

Serie compleja de Fourier

- La **serie trigonométrica de Fourier** puede escribirse en forma compleja, la cuál en ocasiones simplifica los cálculos.

$$f(x) = a_0 + \sum_{n=1}^{\infty} \left(a_n \cdot \cos nx + b_n \cdot \sin nx \right) \Bigg\} \qquad f(x) = \sum_{n=-\infty}^{\infty} c_n \cdot e^{inx}$$

$$n = 0, \pm 1, \pm 2, \pm 3, \ldots$$

$$a_0 = \frac{1}{2\pi} \int_{-\pi}^{\pi} f(x) \cdot dx$$

$$a_n = \frac{1}{\pi} \int_{-\pi}^{\pi} f(x) \cdot \cos nx \cdot dx \qquad c_n = \frac{1}{2\pi} \int_{-\pi}^{\pi} f(x) \cdot e^{-inx}$$

$$b_n = \frac{1}{\pi} \int_{-\pi}^{\pi} f(x) \cdot \sin nx \cdot dx$$

Coeficientes Complejos
de Fourier

Análisis de Fourier

- El estudio de las ondas no senoidales se realiza utilizando el análisis de Fourier, que permite la descomposición de cualquier forma de onda, por compleja que sea, en una suma de ondas senoidales puras de distintas frecuencias, de manera tal que cada componente senoidal se puede tratar separadamente con los métodos desarrollados para ondas senoidales puras.

- Las frecuencias de las diferentes ondas **componentes** resultan múltiplos enteros de la frecuencia de la fundamental, y las ondas correspondientes se conocen como **armónicas superiores**.

- De esta manera cualquier forma de onda periódica no senoidal (que se encuentra distorsionada con respecto a una senoidal) es igual a la suma de la fundamental y las armónicas.

Teorema de Fourier

Toda función periódica no senoidal se puede representar en forma de una suma de términos (serie) compuesta por:

- Un término senoidal a frecuencia fundamental;

- Términos senoidales cuyas frecuencias son múltiplos enteros de la fundamental (armónicos);

- Y eventualmente una componente de continua.

$$s(t) = \sum_{n=1}^{\infty} \left[\left(A_0 + A_1 \cdot \sin(2\pi f_1) + A_2 \cdot \sin(2\pi 2f_1) + A_3 \cdot \sin(2\pi 3f_1) + \ldots + A_n \cdot \sin(2\pi nf_1) \right) \right]$$

4

Perturbaciones

Calidad de la Energía Eléctrica

El concepto **Calidad de la Energía**, en inglés Power Quality, es cada vez más común y necesario, y adquiere mayor importancia con el transcurso del tiempo debido a la multiplicación de equipos electrónicos cada vez más sofisticados.

En términos técnicos se considera que el suministro ideal de energía eléctrica en baja tensión es de 220/380 V, con una curva de tensión sinusoidal perfecta y con una frecuencia de 50 Hz.

Sin embargo, no resulta sencillo que el suministro de electricidad mantenga constante estas condiciones debido a perturbaciones en el sistema y a que se requieren tomar permanentemente medidas para mantener la tensión dentro del rango considerado.

Debido a estas complejidades, la calidad de la energía disminuye cuando la frecuencia y la tensión del suministro varían con respecto a límites preestablecidos. También se reduce cuando se presentan distorsiones en la curva de tensión.

Además de afectar significativamente la calidad de la energía, estos problemas pueden causar daños muy costosos, tales como:

- dañar y provocar fallas en procesadoras de datos y equipos de control,

- ocasionar cortes en el suministro,

- afectar la velocidad de motores eléctricos,

- causar sobrecalentamiento en capacitores, transformadores y motores de inducción, entre otros.

En otras palabras, la reducción de la calidad de la energía puede ocasionar desde molestias hasta retrocesos en la cadena productiva en una industria que, finalmente, se traduce en pérdidas económicas.

Los problemas de calidad de energía son provocados:

✦ en el sistema de distribución,

✦ en las instalaciones del usuario, y

✦ en las instalaciones adyacentes.

Un mejor control de la calidad de energía eléctrica requiere cooperación entre la Distribuidora, los usuarios y los fabricantes de equipos.

Para procurar un control adecuado, los participantes en el suministro de energía deben realizar las siguientes acciones:

- Identificar las debilidades del sistema a través de un monitoreo.

- Identificar los componentes críticos que sean susceptibles de ocasionar problemas.

- Garantizar que los equipos puedan operar en los rangos de suministro permitidos.

- Revisar que los equipos que se utilicen no ocasionen degradación en el servicio.

Perturbación Electromagnética

La Comisión Electrotécnica Internacional (IEC), define como perturbación toda modificación indeseable, y casi siempre imprevisible, de una señal entrante distinta de la de referencia de la red.

La norma IEC 61000-2-5 (1995) define las perturbaciones electromagnéticas capaces de afectar al buen funcionamiento de los equipos y de los procesos industriales, clasificándolas en tres categorías:

- de baja frecuencia (< 9 kHz)

- de alta frecuencia (≥ 9 kHz)

- de descargas electrostáticas

De acuerdo al medio en el que suceden, éstas pueden ser perturbaciones **conducidas** o **radiadas**. Las conducidas se producen en medios metálicos y las radiadas en el ambiente que rodea al equipo. Las más importantes son:

- Perturbaciones de baja frecuencia:

    ✦ Conducidas

        · Variaciones de frecuencia

        · Variaciones Lentas de Tensión

        · Fluctuaciones de Tensión y Flicker

        · Huecos de Tensión y Cortes Breves

        · Sobretensiones

        · Desequilibrios de Tensiones

        · Armónicas

        · Tensiones de señalización o comando

✦ Radiadas

· Campos eléctricos

· Campos magnéticos

● Perturbaciones de alta frecuencia:

✦ Conducidas

· Transitorios oscilatorios

· Transitorios unidireccionales

· Corrientes y tensiones inducidas continuas

✦ Radiadas

· Campos electromagnéticos

· Campos eléctricos

· Campos magnéticos

De las anteriores, las perturbaciones conducidas de baja frecuencia son las que afectan a la calidad del suministro de energía eléctrica. En los próximos capítulos se analizarán cada una de estas perturbaciones.

Las más comunes perturbaciones son las siguientes:

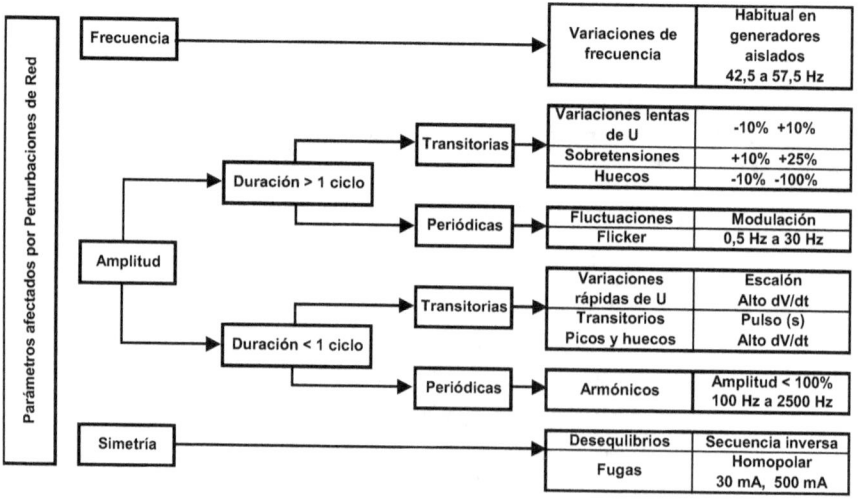

La norma IEEE 1159 (1995), del Instituto de Ingenieros Electricistas y Electrónicos, determina categorías y características de los fenómenos electromagnéticos en sistemas de potencia de acuerdo a la siguiente tabla:

Categoría	Contenido Típico Espectral	Duración Típica	Magnitud Típica de Tensión
1 – Transitorios			
1.1 Impulsos			
1.1.1 Nanosegundos	5 ns de elevación	< 50 ns	
1.1.2 Microsegundos	1 μs de elevación	50 ns – 1 ms	
1.1.3 Milisegundos	0.1 ms de elevación	> 1 ms	
1.2 Oscilatorios			
1.2.1 Baja frecuencia	< 5 kHz	0.3 – 50 ms	0 – 4 pu
1.2.2 Media frecuencia	5 – 500 kHz	20 μs	0 – 8 pu
1.2.3 Alta frecuencia	0.5 – 5 MHz	5 μs	0 – 4 pu
2 – Variaciones de corta duración			
2.1 Instantáneas			
2.1.1 Disminuciones de Tensión (Sag)		0.5 – 30 ciclos	0.1 – 0.9 pu
2.1.2 Sobretensiones (Swell)		0.5 – 30 ciclos	1.1 – 1.8 pu
2.2 Momentáneas			
2.2.1 Interrupción		0.5 ciclos – 3 s	< 0.1 pu
2.2.2 Sag		30 ciclos – 3 s	0.1 – 0.9 pu
2.2.3 Swell		30 ciclos – 3 s	1.1 – 1.4 pu
2.3 Temporarias			
2.3.1 Interrupción		3 s – 1 minuto	< 0.1 pu
2.3.2 Sag		3 s – 1 minuto	0.1 – 0.9 pu
2.3.3 Swell		3 s – 1 minuto	1.1 – 1.2 pu
3 – Variaciones de larga duración			
3.1 Interrupción sostenida		> 1 minuto	0.0 pu
3.2 Subtensiones		> 1 minuto	0.8 – 0.9 pu
3.3 Sobretensiones		> 1 minuto	1.1 – 1.2 pu
4 – Desbalance de tensión		Estado Estable	0.5 – 2%
5 – Distorsión de forma de onda			
5.1 Componente de continua		Estado Estable	0% – 0.1%
5.2 Armónicas	0 – cientos de Hz	Estado Estable	0% – 20%
5.3 Interarmónicas	0 – 6 kHz	Estado Estable	0% – 2%
5.4 Muecas (Notching)		Estado Estable	
5.5 Ruido eléctrico (Noise)	Banda ancha	Estado Estable	0% – 1%
6 – Fluctuaciones de tensión	< 25 Hz	Intermitente	0.1% – 7%
7 – Variaciones de frecuencia		< 10 s	

En general, no es necesario medir todos los tipos de perturbaciones. Lo que se puede hacer es agruparlas según la característica que afecten: amplitud, forma de onda, frecuencia o simetría de la tensión. Habitualmente una determinada perturbación afecta o altera simultáneamente a varias de estas cuatro características.

Tipos de perturbaciones

Las redes eléctricas están sometidas a los siguientes tipos de **perturbaciones**:

+ Internas temporales de duración prolongada.

+ Internas de maniobra.

+ Externas o atmosféricas.

Internas temporales de duración prolongada

Estas perturbaciones generalmente se presentan en forma de oscilaciones de frecuencia próxima a la de servicio y están moderadamente amortiguadas. El valor de las sobretensiones temporales asociadas no suele superar 1,5 veces la tensión de servicio.

Pueden originarse por fallas a tierra, instalaciones de hornos de arco, desconexión de cargas importantes o de líneas muy capacitivas en vacío que provoquen la autoexcitación de un generador, resonancias o ferrorresonancias en circuitos no lineales.

Internas de maniobra

Estas perturbaciones son de breve duración y están fuertemente amortiguadas. Principalmente se originan por acción de la maniobra de interruptores y pueden simularse, con respecto a los efectos que producen en los aislamientos, con impulsos de maniobra normalizados 250/2500 microsegundos.

Las maniobras de conexión, desconexión y reenganche de líneas en vacío, el corte de pequeñas corrientes inductivas o de magnetización de transformadores en vacío, la eliminación de fallas y el corte de corrientes capacitivas de bancos de condensadores, la apertura de los interruptores de vacío (que por no tener arco no cortan a corriente nula, provocando sobretensiones en las inductancias), la no simultaneidad en la extinción de los arcos de los distintos polos de un interruptor, son casos típicos que pueden producir sobretensiones de maniobra.

Externas o atmosféricas

Estas perturbaciones son de una duración aún mas pequeña que las de maniobra y muy fuertemente amortiguadas. Se producen generalmente por la caída de un rayo sobre las líneas.

En este caso, como en las Perturbaciones Internas de Maniobra, el carácter aleatorio de ciertos parámetros, como la intensidad del rayo, el punto de caída, etc.; determinan que dichas sobretensiones no puedan definirse mediante un valor concreto para una instalación dada, sino como una distribución de probabilidad de alcanzar una serie de valores.

Ambiente Electromagnético

Definición: Es la totalidad de los fenómenos electromagnéticos existentes en una determinada ubicación.

Las instalaciones eléctricas generan o transmiten perturbaciones electromagnéticas que pueden afectar en mayor o menor medida a diferentes equipamientos. Estas perturbaciones pueden ser permanentes o transitorias, alternas o de impulso, de baja o alta frecuencia, conducidas o inducidas, de origen interno o externo.

Los aparatos alimentados con energía eléctrica pueden funcionar en distintos ambientes electromagnéticos. Por ejemplo, un ˉequipo que trabaja bien en un determinado ambiente electromagnético, o sea es compatible en el mismo, podría no serlo en otro ambiente. Se debe tener presente que las características particulares de cada ambiente electromagnético pueden cambiar con la ubicación y con el tiempo.

Compatibilidad Electromagnética

La CEM es la aptitud de un aparato, equipo o sistema, para funcionar satisfactoriamente en su ambiente electromagnético, sin introducir perturbaciones intolerables a ningún otro elemento; el cumplirse esta condición, significa la perfecta armonía entre los distintos equipos conectados a la red.

El **nivel de compatibilidad electromagnética** puede definirse como el máximo grado de perturbación, que no debe afectar al correcto funcionamiento de cualquier aparato o equipo.

El sistema **emisor** produce perturbaciones electromagnéticas, y el sistema **receptor** es afectado, en su funcionamiento, por el emisor. Por tanto, se consideran dos aspectos en el fenómeno de compatibilidad electromagnética:

✦ La emisión de perturbaciones

✦ La inmunidad a las perturbaciones

- **Nivel de emisión** es el valor medio de una perturbación variable, medido y evaluado de una forma preestablecida, durante un intervalo de tiempo especificado.

- **Límite de emisión** es el nivel máximo de perturbación permisible de la fuente.

- **Nivel de Inmunidad a una perturbación electromagnética**, es la capacidad de un aparato o sistema de funcionar en su entorno sin degradación.

- **Límite de inmunidad** es el máximo valor de una determinada perturbación electromagnética, incidente sobre un determinado equipo, con el que debe funcionar correctamente.

- **Degradación del rendimiento** es una desviación o apartamento no deseado en el rendimiento de cualquier dispositivo, aparato o sistema de su comportamiento de diseño. Esta degradación puede ser temporal o permanente.

- **Susceptibilidad electromagnética** es la incapacidad de un dispositivo, aparato o sistema de funcionar sin degradación en presencia de una perturbación electromagnética.

- **Nivel de perturbación** es el nivel de una perturbación electromagnética dada, medida en una forma específica.

- **Nivel de Compatibilidad Electromagnética** es el nivel de perturbación para el cuál debería existir una aceptable y alta probabilidad de compatibilidad electromagnética.

En general, un conjunto de perturbaciones del mismo tipo son emitidas por distintas fuentes emisoras sumando sus efectos y determinando un nivel resultante de emisión. Igualmente, varias perturbaciones, procedentes de varias fuentes emisoras inciden en un determinado equipo, sumando sus efectos, dando lugar a un nivel de inmunidad resultante.

En la siguiente figura se puede observar una situación de compatibilidad electromagnética formulada estadísticamente, para una perturbación determinada, entre una familia de emisores y otra de susceptores, o sea, para un conjunto de equipos:

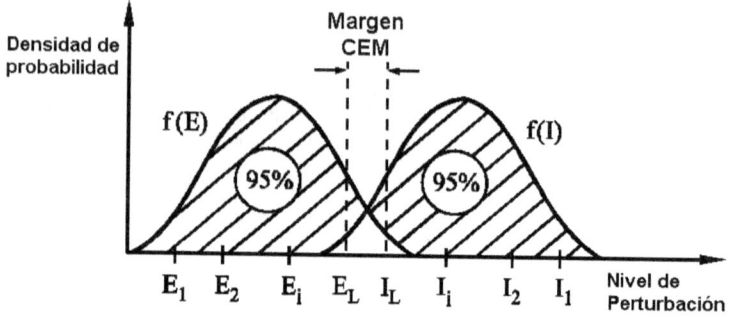

La CEM requiere consideraciones estadísticas porque el ambiente electromagnético es muy complejo, requiriéndose medidas, generalmente por separado, de distintas magnitudes variables en el tiempo (tensión, intensidad, campos eléctrico y magnético, distorsiones de tensión o corriente), lo que obliga a un estudio de probabilidades.

- E_L e I_L son los límites de emisión y de inmunidad de los E_i e I_i.

- El margen de compatibilidad es: $I_L - E_L$.

Si existe un conjunto de equipos emitiendo a los niveles E_1, E_2,... E_i,... y otros susceptibles a los niveles I_1, I_2,... I_i,..., los valores de emisión y de inmunidad estarán representados por funciones de densidad de probabilidad, que se aproximan a una distribución normal (figura anterior).

Se deben fijar los valores límites E_L (para la emisión) e I_L (para la inmunidad), de manera de no sobrepasar las condiciones preestablecidas. En el caso de la figura anterior el margen de compatibilidad, a un nivel de confianza del 95%, es (I_L - E_L).

Nivel de Compatibilidad Electromagnética

El nivel de CEM es el nivel especificado de perturbación en un entorno electromagnético, para el cual existe una elevada probabilidad de CEM.

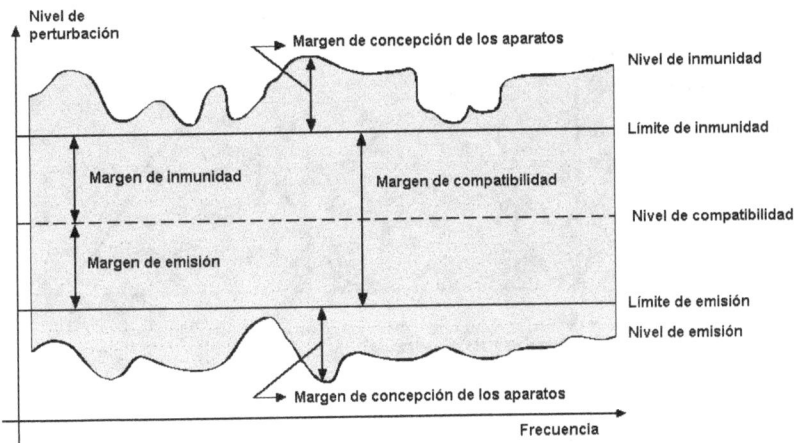

En la figura anterior se observa una situación de compatibilidad electromagnética entre un único emisor de armónicas y un único receptor, en función de la frecuencia.

- La curva del **nivel de emisión** corresponde al relevamiento efectuado de los valores de armónicas inyectadas por el perturbador en el punto de conexión común con la red pública. El **límite de emisión** se ha determinado en el nivel dibujado.

- La curva del **nivel de inmunidad** corresponde al resultado de un estudio efectuado sobre el equipo sensible, por el cuál se ha determinado que el comportamiento pasa a ser no satisfactorio a los niveles graficados. El **nivel de inmunidad** se ha fijado por debajo de este punto.

- El **nivel de compatibilidad** se ha marcado entre los límites de inmunidad y emisión.

Los **niveles de emisión** y **de inmunidad** indicados en la figura anterior son los que resultan de los ensayos normalizados y de las pruebas bajo condiciones estandarizadas bien definidas.

En los equipos que se fabrican en serie los niveles de emisión y de inmunidad varían estadísticamente debido a la dispersión en las características de sus componentes, es por ello que se usa la Densidad de Probabilidad para referir a los citados niveles.

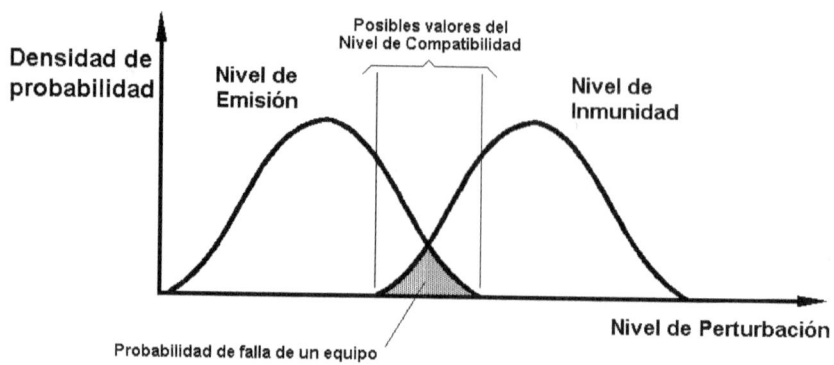

Responsabilidades

De acuerdo a lo descrito las perturbaciones son causadas por cargas perturbadoras que utilizan energía eléctrica de las redes públicas o que forman parte de las mismas. Estas se producen a un determinado lugar y nivel de tensión, y de allí se propagan a toda la red y a otros niveles de tensión a través de los transformadores, perjudicando el normal funcionamiento de otros elementos o cargas conectadas.

Por ello, desde el punto de vista de la Compatibilidad Electromagnética, los distintos agentes del mercado eléctrico deben asumir responsabilidades con el objeto de determinar niveles de compatibilidad para cada perturbación, y establecer límites de emisión y niveles de inmunidad para las distintas instalaciones y equipamientos.

- Responsabilidad de la Distribuidora: Debe controlar las emisiones provenientes de sus usuarios y desde las líneas de los Transportistas, y asegurar el nivel de compatibilidad electromagnética establecido en los puntos de conexión de sus usuarios.

- Responsabilidad de la Transportista: Debe controlar las emisiones provenientes de las redes que alimenta, y asegurar similar nivel de compatibilidad electromagnética establecida para las Distribuidoras que tiene conectadas.

- Responsabilidad de los Usuarios: Pueden ser emisores o receptores de las perturbaciones. Como emisores no deben superar los límites de emisión establecidos. Como receptores deben conocer el nivel de perturbación a que va a ser sometida su instalación para tomar las precauciones correspondientes.

- Responsabilidad de los Fabricantes: Sus productos deberían cumplir con las normativas de compatibilidad electromagnética establecidas.

- Responsabilidad de los Entes Reguladores: Establecer las metodologías para la realización de los controles de las perturbaciones, y deben controlar el cumplimiento de los niveles de compatibilidad electromagnética establecidos.

Principales normas sobre perturbaciones en redes industriales y domésticas

- EN 50 160: Características de la tensión en los sistemas públicos de distribución

- IEC 61000-1-1: Generalidades y definiciones sobre CEM.

- IEC 61000-2-1, IEC 61000-2-2, IEC 61000-2-3 y IEC 61000-2-4. Niveles de compatibilidad para perturbaciones de baja frecuencia.

- EN 61000-3-2 y EN 61000-3-3. Límites de compatibilidad para equipos con I ≤ 16 A

- EN 61000-3-4. (Borrador, no en vigor) Límites de compatibilidad para equipos con I ≤ 16 A

- EN 61000-3-3 y 3-5. Normas sobre variaciones de tensión y flicker para equipos con I ≤ 16 A

- EN 61000-4-7. Instrumentos para medida de armónicos

- EN 61000-4-15, EN 60868. Medición de flicker

- EN 61000-4-31. (Borrador) Medidas de CEM en el rango de 2 kHz a 9 kHz

- IEC 61642: Redes industriales afectadas por armónicos: Aplicación de filtros y condensadores

- IEEE Std 519-1992 Recomendación sobre límites de armónicos en USA

5

Variaciones de Frecuencia

Variaciones de Frecuencia

Las variaciones de frecuencia en un sistema eléctrico de corriente alterna existen cuando se produce una alteración del equilibrio entre la carga y la generación. O sea, depende del balance dinámico entre la capacidad de generación y la carga para cualquier instante, dado que la salida de servicio de grandes grupos de generación o de cargas importantes provoca disminuciones o aumentos de frecuencia de la red.

El tamaño y la duración de estas perturbaciones dependen de las características del cambio de carga y de las respuestas de los generadores a estos cambios de carga.

La frecuencia, en un sistema eléctrico de corriente alterna, está directamente relacionada con la velocidad de giro, es decir, con el número de revoluciones por minuto de los alternadores. Dado que la frecuencia es común a toda la red, todos los generadores conectados a ella girarán de manera sincrónica, a la misma velocidad angular eléctrica.

Constancia de la Frecuencia

La constancia de la frecuencia eléctrica (50 o 60 Hz) es un Factor de Calidad del Servicio, y las pequeñas desviaciones que pudieran producirse están limitadas mediante sistemas de regulación.

El mantenimiento de la frecuencia depende, fundamentalmente, de dos factores:

- suficiente potencia de generación, y

- efectividad del detector y regulador de velocidad de la máquina motriz en la Central de generación.

En el estado actual de la tecnología, sin dudas que el factor de peso determinante es el primero, ya que dicha mayor potencia de generación incide pesadamente en los costos.

Causas que originan las Variaciones de Tensión

En condiciones normales de funcionamiento, la capacidad de generación conectada a una red eléctrica es superior al consumo. Para ello, se mantiene una reserva de energía rodante, es decir, una capacidad no utilizada que puede instantáneamente compensar las variaciones bruscas de carga y mantener la frecuencia dentro de un margen de tolerancia.

Sin embargo, es posible que se puedan dar condiciones en las que se produzca un desequilibrio importante entre la generación y la carga, provocando una variación de la frecuencia. Entonces, los dos casos posibles son los siguientes:

- La carga conectada es superior a la generación en servicio

- La carga conectada es inferior a la generación en servicio

La carga es superior a la generación. En este caso, la frecuencia disminuye. Su velocidad de caída dependerá:

- De la reserva de energía rodante.

- De la constante de inercia del conjunto de los generadores conectados a la red.

En tales condiciones, si la disminución de la frecuencia se sitúa por encima del margen de tolerancia y los sistemas de regulación no son capaces de responder de forma suficientemente rápida para detener la caída de la misma, puede llegar a producirse un colapso en el sistema.

La recuperación del mismo se lograría mediante una desconexión rápida, selectiva y temporal de cargas, mediante los relés de subfrecuencia.

Asimismo, un incremento brusco de la carga hará que los generadores sincrónicos pierdan algo de velocidad.

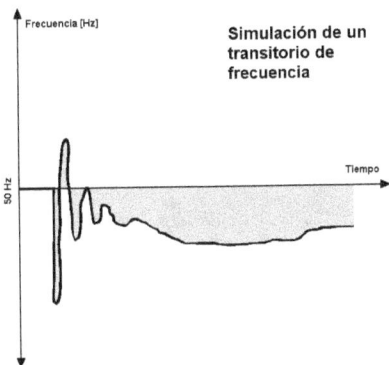

En estos casos, los sistemas de regulación de los alternadores detectan esas variaciones de velocidad y suministran energía mecánica adicional a las turbinas aumentando el caudal de vapor, de agua o de combustible que la turbina recibe.

Así, el incremento de carga se reparte entre todos los generadores conectados al sistema y se alcanza un nuevo equilibrio entre la carga y la generación.

La carga es inferior a la generación. En este caso, la frecuencia aumenta. El equilibrio se restablece mediante un proceso análogo al anterior, actuando sobre los sistemas de regulación de los alternadores para disminuir su capacidad de generación. El equilibrio se alcanza de forma mucho más sencilla que en el caso anterior.

La relación entre la variación de carga y la variación de frecuencia depende del número y capacidad de los generadores conectados a la red. Es más desfavorable en sistemas aislados, que en grandes redes interconectadas.

En el sistema interconectado europeo los valores son del orden de 12.000 MW/Hz, es decir, hace falta un cambio de carga de 1.200 MW para que se produzca una variación de frecuencia de 0,1 Hz. En un sistema aislado de 120 MVA, este valor sería del orden de 60 MW/Hz.

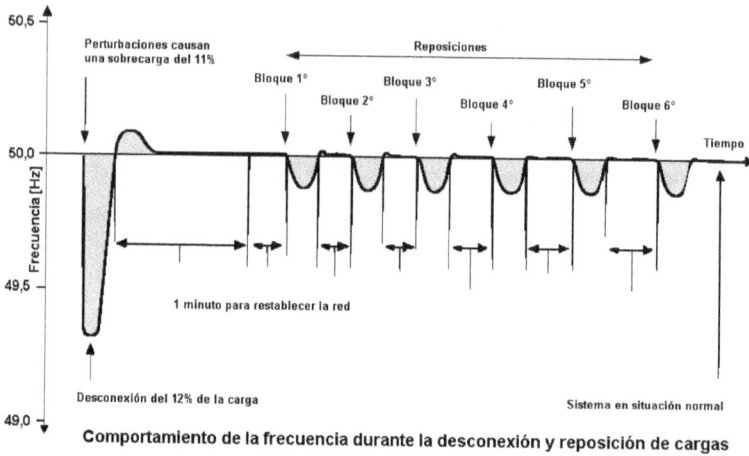

Comportamiento de la frecuencia durante la desconexión y reposición de cargas

Efectos que producen

Los dispositivos eléctricos se ven afectados en diferente forma por los cambios en la frecuencia del sistema dentro de la tolerancia normal:

- Variaciones de velocidad de las máquinas rotantes.

- Atraso o adelanto en los relojes que utilizan como referencia de tiempo la frecuencia de la red.

- Variación en la relación velocidad/torque en los motores, transmitiendo más o menos potencia.

- Los filtros de armónicos sufren un efecto distorsionador.

- Equipos electrónicos que funcionan sincronizados con la frecuencia son afectados.

- Las turbinas de las centrales eléctricas se encuentran sometidas a fuertes vibraciones que suponen un severo esfuerzo de fatiga.

Medidas preventivas y correctivas

Para prevenir fuertes variaciones transitorias de frecuencia que pudieran afectar gravemente a los equipos conectados a una red eléctrica, es recomendable disponer de un sistema de desconexión por frecuencia.

En el caso de un autogenerador, esto es, de una instalación industrial que cuenta con una fuente autónoma de energía, cabe distinguir situaciones diferentes que aconsejan medidas de prevención asimismo diferentes:

- Cuando la instalación funciona acoplada a la red de distribución y se produce el disparo del interruptor de interconexión, quedando la instalación en isla, lo normal es que se produzca un desequilibrio transitorio entre carga y generación que, si no es compensado rápidamente por el regulador del generador, dará lugar a un disparo de éste. En este caso, es esencial que el sistema de regulación del grupo de generación esté adecuadamente diseñado y ajustado para esta circunstancia.

- Cuando se trata de grandes grupos, en general, hay protecciones que tienen por misión eliminar rápidamente el aporte de energía del autogenerador ante una falta en su línea de alimentación, protegiendo el grupo de generación frente a los problemas derivados de la pérdida de estabilidad. Estas protecciones específicas se calculan y ajustan tomando como base procesos de simulación dinámica.

- Cuando una apertura momentánea del interruptor de interconexión hace que el generador se acelere o disminuya su velocidad, queda fuera de sincronismo respecto de la red de la distribución. En esta situación, el reenganche del interruptor de cabecera da lugar a un acoplamiento fuera de sincronismo que dañará seriamente el eje de la turbina y los devanados del generador. Para hacer frente a esta situación, se debe prever la instalación de protecciones de máxima y mínima frecuencia.

Generadores

En la Argentina, el Organismo Encargado del Despacho (OED), como responsable del despacho y la administración de la operación del Mercado Eléctrico Mayorista (MEM), debe en cada instante buscar el equilibrio entre la producción y los requerimientos de la demanda dentro de la calidad de servicio pretendida y, en condiciones de operación normal, mantener la frecuencia dentro de los límites definidos. Para ello, diariamente debe asignar reserva para regulación de frecuencia manteniendo, de existir el excedente de reserva necesario, el nivel de calidad pretendido. En la operación en tiempo real debe realizar los ajustes necesarios a dicha reserva para, de ser posible, compensar los apartamientos entre los valores previstos y los reales, tanto en la oferta como en la demanda.

- Regulación Primaria de Frecuencia (RPF): Es la regulación rápida, con un tiempo de respuesta menor de 30 segundos, destinada a equilibrar los apartamientos respecto del despacho previsto, principalmente por los requerimientos variables de la demanda, cuando el sistema eléctrico se encuentra en régimen de operación normal. Se realiza a través de equipos instalados en las máquinas que permiten modificar en forma automática su producción.

- Regulación Secundaria de Frecuencia (RSF): Es la acción manual o automática sobre los variadores de carga de un grupo de máquinas dispuestas para tal fin, que compensan el error final de la frecuencia resultante de la RPF. Su función principal es absorber las variaciones de la demanda con respecto a la pronosticada para el sistema eléctrico en régimen normal. Dichas variaciones habrán sido absorbidas en primera instancia por las máquinas que participan en la RPF. La RSF permite llevar nuevamente a dichas máquinas a los valores asignados por el despacho, anulando así los desvíos de frecuencia al producirse nuevamente el balance entre generación y demanda. Su tiempo de respuesta es del orden de varios minutos para, de ser posible de acuerdo a la magnitud de la perturbación, recuperar el valor nominal de la frecuencia.

El OED es el responsable de habilitar máquinas y centrales del MEM para Regulación de Frecuencia. Para ello, ha desarrollado un Procedimiento Técnico en el que se fijan los requisitos técnicos a cumplir por los equipos de control y de regulación de una máquina y/o central para poder llevar a cabo en forma satisfactoria el servicio de RPF y de RSF, y dónde se indica la información que debe suministrar el Generador para su modelado.

Es responsabilidad de los Generadores informar al OED cualquier cambio en su capacidad de regulación.

Por su parte, el OED debe realizar registros de frecuencia para monitorear que la calidad de la frecuencia es consistente con la reserva regulante disponible. En caso de detectar apartamientos, podrá auditar la respuesta de una máquina habilitada y disponible para regulación, solicitando que entregue la potencia máxima declarada, en el tiempo mínimo establecido para la máxima velocidad de toma de carga indicada en los datos entregados por el Generador y realizando las mediciones pertinentes.

Asimismo, el OED podrá emplear un algoritmo que permita detectar el bloqueo de la regulación de velocidad de unidades generadoras, utilizando para ello las mediciones en tiempo real con que cuenta y con mediciones en campo. De considerar que un Generador no responde a lo declarado, el OED podrá instalar registradores para verificar su respuesta.

Penalizaciones: El OED debe informar a las autoridades y al resto de los Generadores del MEM el incumplimiento por parte de algún Generador de los compromisos de reserva regulante.

- Regulación Primaria

  ✦ En el caso que el OED detecte que una unidad generadora no cumple con su aporte comprometido a la RPF, debe considerar para el cálculo de su remuneración por energía que no aportó a la RPF durante todo el correspondiente mes, o sea como si hubiera sido despachada sin reserva regulante.

  ✦ De detectar dentro de los siguientes 6 meses un nuevo incumplimiento a su compromiso de Regulación Primaria, el OED debe considerar para el cálculo de su remuneración por energía que no aportó a la RPF durante dicho mes y suspender la habilitación de la máquina para RPF por un período de 6 meses.

- Regulación Secundaria

  ✦ De verificar el OED que la central despachada para la RSF no cumple con el compromiso asumido, debe considerar para el cálculo de su remuneración que no aportó a la RSF durante todo el correspondiente mes y suspender su habilitación para participar en la RSF durante los siguientes 3 meses.

✦ De detectarse dentro de los siguientes 6 meses un nuevo incumplimiento a su compromiso de regulación, el OED debe considerar para el cálculo de su remuneración que no aportó a la RSF durante todo el correspondiente mes y suspender su habilitación para participar en la RSF durante los siguientes 6 meses.

Demanda

Las perturbaciones por un déficit imprevisto de generación y/o fallas en la red de Transporte provocan un desequilibrio brusco entre oferta y demanda de energía eléctrica que lleva a caídas en la frecuencia y al riesgo de la pérdida del sincronismo en todo el Sistema Argentino de Interconexión (SADI) o en un área en particular. Para restituir el equilibrio entre oferta y demanda y evitar el colapso del Sistema es necesario contar con reserva instantánea mediante la desconexión automática de cargas, por actuación de relés de alivio de carga.

La responsabilidad de aportar a la reserva instantánea del MEM se asigna a los agentes Demandantes del mismo que participan en el Sistema de Medición Comercial (SMEC) y en los que, por lo tanto, es posible verificar el cumplimiento de dicho aporte.

El OED debe realizar los estudios necesarios para determinar los criterios, características y requerimientos del esquema de alivio de cargas para el SADI con hasta 7 escalones de cortes por relés de frecuencia absoluta y 2 escalones de corte por relés de decremento de frecuencia o por derivada de frecuencia y hasta 2 escalones por restablecimiento de la frecuencia. Para ello deberá considerar como Porcentaje de Corte Máximo (PMC) de demanda asignable a dichos esquemas el valor que establezca la Secretaría de Energía como criterio de seguridad. Inicialmente se establece el PMC en el 42% de la demanda.

Por ejemplo, en la provincia de Santiago del Estero, para una demanda total del área igual a 85 MW, las cuatro ET de rebaje de 132/33/13,2 kV se le asignaron los siguientes valores de **Cortes por Relés de Mínima Frecuencia**:

Relé ΔF/Δt	Hz/s							-0,6		-0,9
Relé de Restitución	s							17	19	15
Escalones	Hz		49,0	48,9	48,8	48,7	48,6	48,5		48,4
ET	kV	MW								
Frías	33	2,83		0,92	2,73					
	13,2	4,14	2,36	2,06						
La Banda	33	4,78				3,00		1,30		
	13,2	29,71					2,90			4,00
Río Hondo	13,2	7,11	1,20	1,00	2,73		2,10			
Santiago	33	3,49				2,95			4,15	
	13,2	32,46					2,60	2,65		2,90
Total		84,52	3,56	3,98	5,46	5,95	7,60	3,95	4,15	6,90

Distribuidora

Cada Distribuidora es la responsable de disponer esquemas de alivio de carga, de forma tal de cumplir con el nivel de reserva instantánea requerido para la demanda que se le asigna a cada escalón de corte en el cumplimiento de este servicio. La demanda que abarca su responsabilidad es la siguiente:

- La de los clientes a quienes abastece.

- La de los Grandes Usuarios del MEM conectados a su red que no son GUMAs.

GUMA – Gran Usuario Mayor

Un Gran Usuario Mayor debe elegir una de las siguientes opciones en su aporte a la reserva instantánea del área:

- implementar su propio esquema de alivio de cargas, de acuerdo a las características y participación definidas para el nodo equivalente de corte al que está conectado.

- acordar con otro GUMA o grupo de GUMAs conectados al mismo nodo equivalente de cortes aportar en conjunto a la reserva instantánea que les es requerida. En este caso, las partes deberán acordar un Convenio de Alivio de Cargas, con las características que definen el OED.

- Un GUMA o un conjunto de GUMAs con un Convenio de Alivio de Cargas, con excepción de aquél que preste el Servicio Público de Distribución de Energía Eléctrica, podrá implementar un Esquema Simplificado de Alivio de Cargas que consiste en cortar un valor determinado de demanda en UNO o más escalones de cortes, según lo que establece el OED.

Reducción de Demanda comprometida

- Ante una caída de frecuencia en que se considera debieron actuar los relés de cortes, todos los Agentes del MEM con responsabilidad en el servicio de reserva instantánea (Distribuidoras y GUMAs) asumen la obligación del cumplimiento del aporte comprometido.

- En lo que hace a determinar la obligación de corte, se considerará que el relé correspondiente a un escalón debió actuar si el valor mínimo al que llegó la frecuencia del sistema resultó menor que la frecuencia de corte de dicho escalón menos 0,04 Hz o si la pendiente de caída de la frecuencia ocurrida resultó mayor que la pendiente de corte más 0,05 Hz/s en el caso del relé de derivada o del relé decremental.

Cálculo de los cortes realizados

- Cada Distribuidora y GUMA debe informar al OED la demanda previa al corte, la potencia cortada y el tiempo de reposición del corte. En particular, en los casos en que los cortes se repongan en menos de 15 minutos, los agentes deben suministrar la información correspondiente o se considerará que el corte fue cero.

- Para los casos de cortes cuya duración no fue menor de 15 minutos, el OED debe completar los datos faltantes de potencia de corte y duración del mismo en base a los valores estimados.

- El OED estima el corte realizado de acuerdo a la siguiente metodología:

  ✦ Calcula la demanda de cada agente en base a las mediciones registradas por el SMEC o eventualmente por el Sistema de Operación en Tiempo Real (SOTR). Con dicha información estima también la demanda abastecida durante la perturbación.

  ✦ Calcula una primera estimación de la demanda cortada teniendo en cuenta la demanda prevista estimada, la demanda registrada, la evolución de la frecuencia durante la perturbación y la información de actuación de cortes por relés de subfrecuencia que suministren los operadores de los Transportistas o de las Distribuidoras y GUMAs al Centro de Operaciones del Organismo Encargado del Despacho (COC).

Control de Frecuencia y Tensión

- **Esquema de Seguridad para Control de Frecuencia y Tensión del SADI** (ESCFTS): Es el conjunto de automatismos que actuando sobre las cargas de los Distribuidores, Grandes Usuarios, Autogeneradores y Agentes Demandantes en general, incluyendo las demandas exportación a través de Transportistas de Energía Eléctrica de Interconexión Internacional, o sobre los elementos de compensación de potencia reactiva del sistema de Transporte de Energía Eléctrica en Alta Tensión, ante una perturbación de gran magnitud asociada a eventos atípicos de baja probabilidad de ocurrencia, toma acciones para restablecer el control del sistema eléctrico y mantener la estabilidad, con el fin de minimizar la necesad de actuación de los esquemas de Formación de Islas Eléctricas y disminuir el riesgo de colapso parcial o total en el SADI.

- **Instalación Individual del Esquema de Seguridad para Control de Frecuencia y Tensión del SADI** (IIESCFTS): Es el conjunto de elementos que integrando un subsistema puede operar en forma autónoma y permite la desconexión de una o más cargas o la conexión de uno o más reactores.

La estructura del esquema es la siguiente:

- En las instalaciones de un Agente Demandante con Potencia Declarada igual o mayor a 9 MW, el ESCFTS lo integran los elementos, programas, automatismos, relés y/o circuitos que permiten desconectar un 10% de la carga cuando la frecuencia descienda hasta un nivel de 48,3 Hz durante más de 150 milisegundos, o se mantenga en un nivel inferior a 48,7 Hz durante más de 8 segundos.

- En los Sistemas de Transporte de Energía Eléctrica de Interconexión Internacional, que atiendan demandas de exportación, el ESCFTS lo integran los elementos, programas, automatismos, relés y/o circuitos que se agreguen o modifiquen con el fin de adecuar los sistemas de control del flujo en la interconexión para que, cuando la misma se encuentre exportando, ante un descenso de la frecuencia por debajo de 48,3 Hz durante más de 150 milisegundos o, si la frecuencia se mantiene en un nivel inferior 48,7 Hz durante más de 8 segundos, se produzca una rápida reducción del flujo en la interconexión de una magnitud equivalente al 10% del valor que tenía antes de la perturbación que originó la caída de frecuencia en el SADI.

- En el Sistema de Transporte de Energía Eléctrica en Alta Tensión, el ESCFTS lo integran elementos, programas, automatismos, relés y/o circuitos para producir la operación automática de los reactores operables que se usan para compensar el reactivo de la red en Alta Tensión cuando la frecuencia descienda hasta un nivel de 48,3 Hz durante más de 150 milisegundos, o se mantenga en un nivel inferior a 48,7 Hz durante más de 8 segundos y la tensión supere un desvío que el Concesionario deberá acordar con el OED con el objeto de coordinar la actuación de estos elementos con las protecciones de los equipos y otros automatismos existentes en la red de transporte. La operación de reactores mediante estos automatismos tiene por finalidad la normalización de las tensiones de la red y el establecer los márgenes de reserva adecuados en la potencia reactiva de los generadores y de los equipos de compensación de la red de transporte.

6

Variaciones Lentas de Tensión

Variaciones lentas de tensión

Las variaciones lentas de tensión se producen por la variación lenta de las cargas conectadas a la red. O sea, se originan cuando hay una alteración en la amplitud y, por lo tanto, en el valor eficaz de la onda de tensión.

Una variación de tensión tiene:

- un valor de inicial

- un valor final

- una duración, es decir, el tiempo que emplea en pasar del valor inicial al valor final.

Los parámetros característicos de una variación de tensión son la Amplitud y la Duración, y se considera una **variación lenta de tensión** a aquélla cuya duración es superior a 10 segundos.

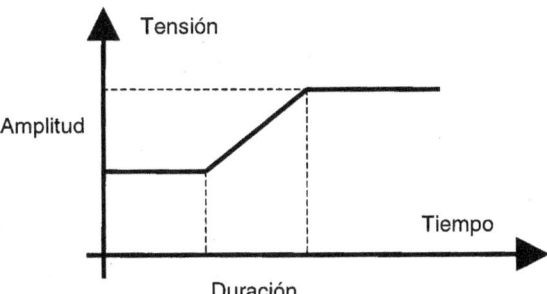

Las variaciones de tensión con duraciones de menos de 10 segundos son las fluctuaciones de tensión, que se verán más adelante.

En una red ideal la tensión de suministro tiene un valor constante igual al de la tensión nominal. Pero en la práctica no hay redes ideales y la tensión de servicio presenta valores diferentes en un determinado período de tiempo, los que generalmente están dentro de límites razonables de variación respecto de la tensión nominal.

Valores de referencia para las Distribuidoras

En la Argentina, de acuerdo a los Contratos de Concesión de las Distribuidoras privatizadas, en el Anexo: Normas de Calidad del Servicio Público y Sanciones, las tensiones nominales pueden tener variaciones porcentuales máximas admisibles que dependen del tipo de alimentación y del período o etapa del Control de Calidad del Producto Técnico que se trate:

Nivel de Tensión	Etapa 1	Etapa 2
AT	- 7% + 7%	- 5% + 5%
Alimentación Aérea (MT o BT)	-10% +10%	- 8% + 8%
Alimentación Subterránea (MT o BT)	- 7% + 7%	- 5% + 5%
Rural	-13% + 13%	-10% +10%

Desde el punto de vista técnico, un receptor debería funcionar correctamente dentro de los márgenes indicados.

De acuerdo a la Norma IEC 60038, y a lo establecido por la Norma IRAM 2001, "La tensión nominal de los sistemas existentes de 220/380 V evolucionará hacia los valores recomendados de 230/400 V. El período de transición será lo más corto posible y no debería exceder los 20 años a partir de la publicación de la norma IEC", en Europa no debe prolongarse más allá del año 2003.

En MT se sustituye el concepto de tensión nominal por el de tensión de referencia (o declarada), y se le aplica los mismos márgenes de variación que para la BT.

Valores de referencia para las Transportistas

Las Transportistas, o sea las concesionarias del Transporte de Energía Eléctrica en Alta Tensión y Distribución Troncal deben mantener la tensión dentro del rango que especifique el OED para las barras de la red bajo su responsabilidad y de las inmediatas adyacentes de menores tensiones sobre las que tengan control de Tensión.

Para condiciones normales en el Sistema de Transporte, el rango especificado es:

Barras de	500 kV	de 345 hasta 132 kV	menores a 132 hasta 66 kV
Tolerancia admitida	± 3%	± 5%	± 7%

En condiciones normales, el criterio para el ajuste de tensiones en las barras de la red de transporte es mantenerlas en valores lo más próximos posibles a los nominales, y dentro de la banda permitida. El OED puede modificar dicha banda en algunos nodos cuando las condiciones de operación así lo requieren.

Causas que originan las Variaciones Lentas de Tensión

El valor de la tensión de una red puede analizarse realizando el equivalente de Thevenin y quedar representado mediante el siguiente modelo simplificado:

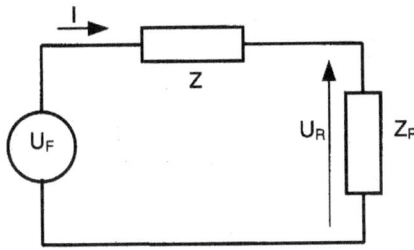

La tensión en el receptor será:

$$U_R = \frac{Z_R}{Z_R + Z} \cdot U_F$$

Su valor depende de:

- La tensión de la fuente (U_F)

- La impedancia en serie de la red (Z)

- La impedancia del receptor (Z_R)

De todos los factores que influyen en las variaciones de tensión el más importante es la impedancia del receptor, que depende a su vez de la carga conectada. Esta puede variar por diversas razones, entre las cuales se destacan las siguientes:

- El consumo de energía no se realiza de forma constante. A lo largo del día, hay períodos de consumo intenso, a los que se denomina "horas de pico o punta", y períodos de bajo consumo, a los que se llaman "horas de valle nocturno".

- Los consumidores no son iguales y sus diferencias determinan las características de la carga. Por ejemplo, no es lo mismo las cargas industriales a las residenciales. La variación del consumo en un tiempo determinado se denomina "curva de carga". Las variaciones de tensión dependen de ella, por lo que generalmente la tensión de la red es mayor en los momentos de bajo consumo, que en los de alto consumo.

En la siguiente figura se puede observar una variación lenta de tensión, en la que la curva esta trazada con los valores instantáneos que adopta la tensión real formando un perfil de tensiones.

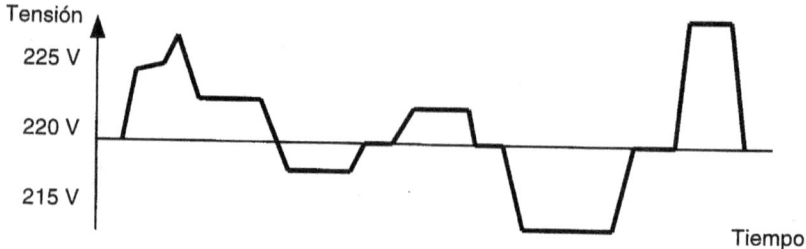

Efectos que provocan las Variaciones Lentas de Tensión

Los efectos de las variaciones lentas de tensión sobre las cargas se pueden analizar teniendo en cuenta los posibles estados de funcionamiento de las mismas: normal, anómalo, no funcionamiento y desperfecto.

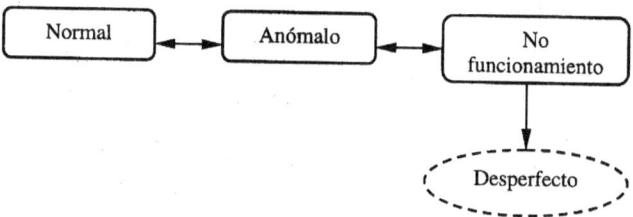

Los tres primeros estados pueden intercambiarse entre sí, mientras que el último, el de desperfecto, es fijo y no permite el paso a ninguno de los demás de manera normal. Por ello, las cargas deben tener protecciones que impidan su paso al estado de desperfecto.

Los dos tipos de variaciones de tensión que se puede tener son:

- Tensión baja, las que son menores que la tolerancia permitida.

- Tensión alta, las que son mayores que la tolerancia permitida.

Los efectos que producen son los siguientes:

Efectos que producen las tensiones bajas

Generalmente los receptores pasan de un estado de funcionamiento normal a uno anómalo o a uno de no funcionamiento cuando se tienen aplicada una tensión baja, recuperando luego el estado normal cuando el valor de la tensión vuelve a ubicarse dentro de las tolerancias.

Por ello, los efectos no suelen ser especialmente perjudiciales en la mayoría de los casos. Por ejemplo:

- En el momento del arranque, un motor no puede iniciar el giro si la tensión no es suficiente para proporcionar el par mecánico de arranque que necesita el eje. En tal caso se producirá un calentamiento que podría provocar un desperfecto.

- En las lámparas incandescentes disminuye la intensidad luminosa. En las de descarga gaseosa pueden no encenderse en el momento de la conexión y permanecer apagadas. Si se encontraran funcionando, podrían apagarse y no se encenderían hasta que la tensión vuelva a los límites de funcionamiento.

- Los contactores o relés pueden producir actuaciones incorrectas, afectando al proceso que estén controlando.

Efectos que producen las tensiones altas

Las tensiones altas producen generalmente calentamientos en las cargas, causando desperfectos en los equipamientos o disminuyendo su vida útil si se sobrepasan las máximas temperaturas admisibles.

Las tensiones altas son más difíciles descubrirlas, puesto que las cargas no dejan de funcionar inmediatamente y su sobrecalentamiento recién se manifiesta cuando ha transcurrido un determinado tiempo.

Medidas correctivas y preventivas

Algunas de las medidas que se pueden adoptar para la corrección y prevención de los efectos de las variaciones lentas de tensión son:

- Utilización de reguladores en los transformadores de alta a media tensión y de tomas variables en los transformadores de media a baja tensión.

- Instalación de reguladores automáticos de tensión en líneas de media tensión.

- Cargas con tensión nominal igual a la de la red a la que van a ser conectadas y de funcionamiento normal dentro de las tolerancias especificadas en las normas técnica correspondientes.

- Instalación de protecciones de máxima y mínima tensión temporizadas para la protección térmica de los equipamientos.

En las cargas con márgenes en la tensión de funcionamiento menores que los admitidos para las variaciones de la tensión de la red, se debe usar elementos de corrección, entre los que se puede mencionar:

+ Reguladores de tensión.

+ Conjunto motor – generador.

+ Sistema de alimentación ininterrumpida (UPS).

7

Fluctuaciones de Tensión y Flicker

Fluctuaciones de tensión

Las **fluctuaciones de tensión** se producen cuando hay variaciones periódicas o serie de cambios al azar en la tensión de la red eléctrica.

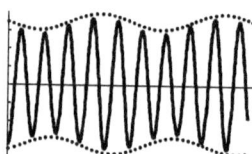

Estas **variaciones de tensión** se definen como las variaciones del valor eficaz o valor de pico de tensión entre dos niveles consecutivos que se mantienen durante un tiempo finito no especificado. Su duración va desde varios milisegundos hasta unos 10 segundos y con una amplitud que no supera el ± 10% del valor nominal.

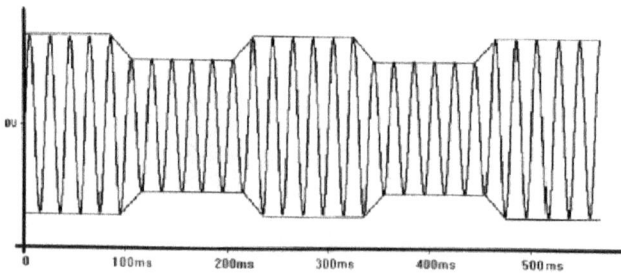

O sea, las fluctuaciones son una serie de variaciones de tensión o variación cíclica de la envolvente de la tensión.

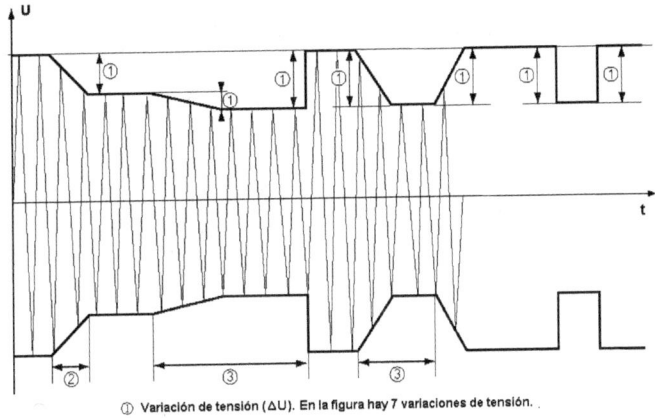

① Variación de tensión (ΔU). En la figura hay 7 variaciones de tensión. .
② Duración de la variación de la tensión.
③ Intervalo entre dos variaciones.

Fluctuación de las tensiones de pico

Según la norma IEC 1000-2-1, la Comisión Electrotécnica Internacional (IEC) clasifica las fluctuaciones de tensión en cuatro tipos:

- Tipo a: Variaciones rectangulares de tensión de período constante. Por ejemplo, las ocasionadas por interrupciones de cargas resistivas.

- Tipo b: Escalones de tensión que se presentan de forma irregular en el tiempo y con magnitudes que varían en dirección positiva o negativa. Por ejemplo, conexión y/o desconexión de cargas múltiples.

- Tipo c: Cambios en la tensión claramente separados que no siempre llevan aparejados escalones de tensión. Por ejemplo, conexión y/o desconexión de cargas no resistivas.

- Tipo d: Series de fluctuaciones de tensiones esporádicas o repetitivas. Por ejemplo, cambios cíclicos o aleatorios de cargas.

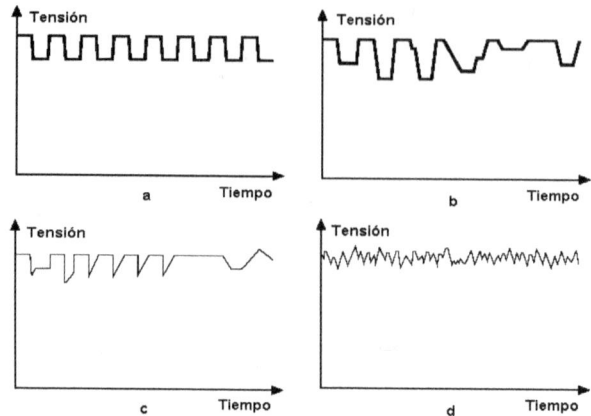

Flicker

El flicker (del inglés: parpadear, titilar) es la percepción de la variación de la luminosidad de una lámpara causada por fluctuaciones bruscas de la tensión en la red de alimentación, y produce una sensación desagradable en quién lo percibe.

Es un fenómeno de origen fisiológico visual que acusan los usuarios de lámparas alimentadas por una fuente común a una iluminación y a una carga perturbadora.

La molestia del parpadeo se pone de manifiesto en las lámparas de baja tensión. Sin embargo las cargas perturbadoras pueden encontrarse conectadas a cualquier nivel de tensión.

Principalmente el flicker es el resultado de fluctuaciones rápidas de pequeña amplitud de la tensión de alimentación, provocadas:

- por la variación fluctuante de potencia que absorben diversos receptores: hornos de arco, máquinas de soldar, motores, etc.

- por la puesta en tensión o fuera de tensión, de cargas importantes: arranque de motores, maniobra de baterías de condensadores en escalones, etc.

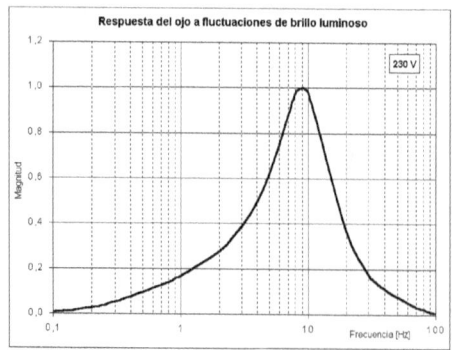

El flicker depende fundamentalmente de la amplitud, frecuencia y duración de las fluctuaciones de tensión que lo causan. Estas oscilaciones (variaciones periódicas o erráticas permanentes) tienen una descomposición espectral en una banda de frecuencias desde 0,5 Hz a 30 Hz. La sensibilidad de un observador medio es máxima a 8,8 Hz.

Las oscilaciones pueden ser divididas en dos categorías:

- Cíclicas: son las variaciones periódicas en la onda de tensión y puede ser causada por la operación de compresores o de hornos eléctricos.

- No cíclicas: son fluctuaciones ocasionales de tensión que puede ser causada por el arranque de un motor grande o la operación de una soldadora.

Medida del Flicker

La Unión Internacional de Electrotécnica (UIE) ha elaborado un criterio de evaluación de flicker y un **medidor de flicker** o **flickermetro**, él que ha sido adoptado por la Comisión Electrotécnica Internacional (IEC).

Este medidor permite conocer el nivel de sensación que experimentaría un observador medio en el punto de la red en el que se conecte el medidor. Para ello, se emplea un algoritmo que traduce las fluctuaciones eléctricas existentes en ese punto, en las sensaciones equivalentes que serían percibidas por el sistema ojo-cerebro del observador.

El flickermetro suministra sus medidas en unidades de perceptibilidad (p.u.), siendo el límite admisible de percepción: P = 1 (p.u.).

Índices para la evaluación

La Resolución ENRE N° 184/2000, "Base Metodológica para el Control de la Calidad del Producto Técnico" para las Distribuidoras metropolitanas, establece las siguientes definiciones:

- **Variación rápida de tensión.** Variación del valor eficaz de la tensión entre dos niveles adyacentes, manteniéndose cada uno de ellos durante un tiempo específico pero no determinado.

- **Fluctuaciones de tensión.** Serie de variaciones de tensión o variación cíclica de la envolvente de la onda de tensión.

- **Flicker.** Impresión subjetiva de fluctuación de la luminancia.

- **Umbral de irritabilidad del Flicker.** Fluctuación máxima de luminancia que puede ser soportada sin molestia por una muestra específica de población.

- **Índice de severidad del Flicker de corta duración (P_{st}).** Índice que evalúa la severidad del Flicker en cortos intervalos de tiempo (intervalo de observación base de 10 minutos). Se considera $P_{st} = 1$ como el umbral de irritabilidad.

- **Índice de severidad del Flicker de larga duración (P_{lt}).** Índice que evalúa la severidad del Flicker en largos intervalos de tiempo (intervalo de observación base de 2 horas), teniendo en cuenta los sucesivos valores del índice de severidad del Flicker de corta duración según la siguiente expresión:

$$P_{lt} = \sqrt[3]{\sum_{i=1}^{12} \frac{P_{sti}^3}{12}}$$

Niveles de compatibilidad

Para los valores que se exponen a continuación se considera que el nivel de Compatibilidad Electromagnética (CEM) no debe superar una probabilidad del 95%.

- Fluctuaciones de tensión. Los valores del nivel de CEM dependen del valor de la tensión del sistema de distribución. Actualmente, los niveles de CEM están referidos a variaciones de tensión rectangulares con distintas tasas de repetición.

  La siguiente figura es la Curva Límite de la molestia del flicker, e indica la amplitud de las fluctuaciones de tensión, en función de su frecuencia de repetición, para una severidad del flicker $P_{st} = 1$. Las frecuencias corresponden a dos fluctuaciones (una de ascenso y otra de descenso).

  Es posible, no obstante, relacionar los efectos de las variaciones de tensión no rectangulares con dicha curva, utilizando un flickermetro.

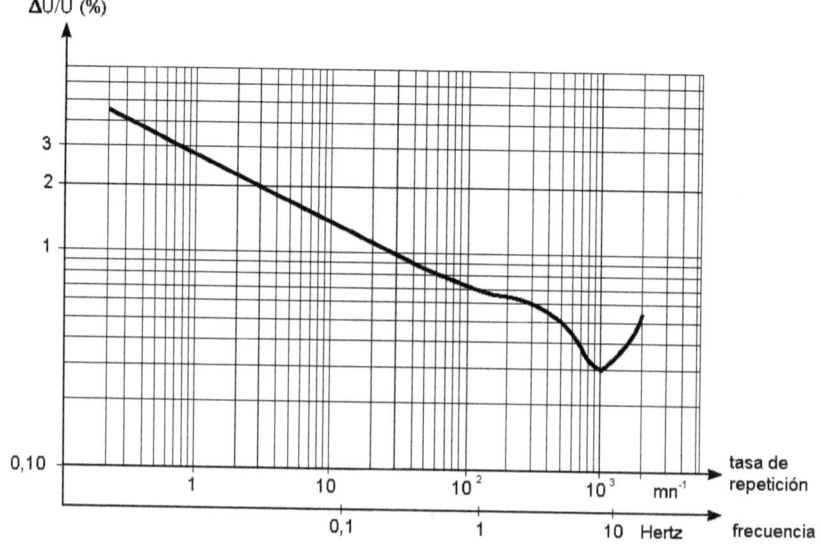

Ejemplo:

Una carga perturbadora crea un escalón de tensión con una amplitud del 0,9% y con una frecuencia de repetición de 10 veces por minuto. El escalón de tensión máximo que da una molestia aceptable debida al flicker, leído sobre la curva de referencia, es $\Delta U_{Lím} = 1,35\%$.

La fluctuación de $\Delta U = 0,9\%$ genera un nivel de flicker de: $P_{st} = 1 \times (0,9/1,35) = 0,67$.

- Flicker. La Resolución ENRE N° 184/2000 establece los Niveles de Referencia para fluctuaciones rápidas de tensión (Flicker) que no deben ser superados durante mas del 5% del período de medición:

Nivel de Tensión en el Punto de Suministro	Niveles de Referencia
AT (66 kV ≤ U ≤ 220 kV)	$P_{st} = 1,00$
MT (1 kV < U < 66 kV)	$P_{st} = 1,00$
BT (U ≤ 1 kV)	$P_{st} = 1,00$

Causas que originan las Fluctuaciones de Tensión

Las **fluctuaciones de tensión** son originadas por los receptores conectados a la red cuya demanda de potencia no es constante en el tiempo. En determinadas circunstancias, y dependiendo de su punto de conexión, pueden dar lugar a **flicker**.

Los principales dispositivos perturbadores son de tipo industrial:

- Máquinas de soldadura por resistencia.
- Molinos trituradores.
- Ventiladores de minas.
- Hornos de arco.
- Plantas de soldadura por arco.
- Compresores.
- Laminadoras.
- Máquinas herramientas.
- Cargas controladas por impulsos.

Efectos que producen

Las fluctuaciones de tensión pueden afectar a gran cantidad de consumidores que reciben suministro eléctrico de la misma red.

Estas fluctuaciones de tensión no suelen tener una amplitud superior a ± 10%, por lo que muchos equipos no se ven afectados por ellas.

El flicker que no se puede evitar, es el efecto más perjudicial. Los aparatos que producen mayor flicker son:

- las lámparas incandescentes y de descarga.

- los monitores y los receptores de televisión.

Medidas preventivas

La medida preventiva más importante es la determinación de las condiciones de conexión de cargas, lo que se analizará más adelante.

Sin embargo, es posible establecer los siguientes criterios para conexión de las cargas:

- 1º: Aceptación automática. Es el caso general para equipos cuya potencia es inferior a un máximo establecido.

- 2º: La aceptación depende de las condiciones de entorno en el punto de conexión de la carga que se toma en consideración. Se asigna a cada consumidor conectado en dicho punto una parte de la potencia total disponible, sin que pueda superar dicho valor.

- 3º: Requiere un estudio particular (por ejemplo, sobre la necesidad de emplear un compensador, etc.). Suele ser el caso de grandes cargas especiales, como los hornos de arco.

Medidas correctivas

Algunas de las medidas correctivas que se pueden tomar son las siguientes:

- Aumentar la potencia de cortocircuito (S_{cc}) en el punto de conexión.

- Instalar compensadores que den lugar a variaciones de signo opuesto a la carga fluctuante, tales como reactancias saturables y condensadores o reactancias controladas por tiristores. Estos suelen ir acompañados de filtros para armónicos.

- Arrancar los motores con sistemas estrella-triángulo o con autotransformador. Se pueden también acoplar volantes de inercia.

- Instalar estabilizadores electrónicos o magnéticos de reactancia saturable.

- Conectar condensadores en serie, aumentando así artificialmente la potencia de cortocircuito. Es una solución que se debe adoptar sólo en los puntos de menor tensión de una red.

- Evitar la coincidencia de pulsaciones de las máquinas de soldadura con circuitos de control adecuados.

- Instalar compensadores estáticos de reactancia en los hornos de arco, o reactancias en serie con el transformador del horno.

Estas medidas sirven para proyectar la instalación de equipos nuevos o para mejorar las instalaciones de los ya existentes.

8

Huecos de Tensión y Cortes Breves

Hueco de tensión

Se produce un **hueco** o **caída de tensión** (**voltage dip** según IEC, o **sag** según IEEE), en un punto de la red eléctrica cuando la tensión de referencia de una o más fases disminuye bruscamente, entre el 90% y el 1% (IEC 61000-2-1), o entre el 90% y el 10% (IEEE 1159), y se recupera al cabo de un breve tiempo que oscila entre medio ciclo de la fundamental de la red (10 milisegundos para 50 Hz) y hasta 1 minuto.

IEC 61000-2-1	$1\% \leq \Delta U \leq 90\%$	
IEEE 1159	$10\% \leq \Delta U \leq 90\%$	$10\ ms \leq \Delta t \leq 1\ minuto$

La tensión de referencia en las redes de MT y AT es la tensión alimentación declarada, mientras que en las de BT es la nominal de la red (380/220 V).

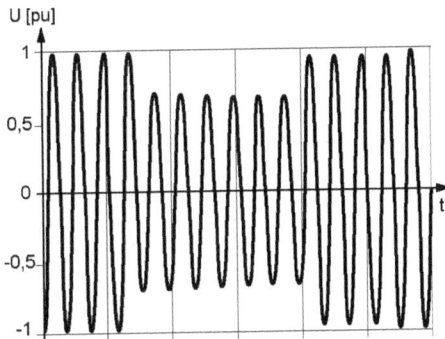

La forma de detectar y caracterizar un hueco de tensión es calcular la envolvente de un semiperíodo como el valor eficaz de la tensión en un período de la fundamental

En las figuras se tiene un hueco con una duración de aproximadamente 140 milisegundos y una profundidad del 30% (U = 70% U_n).

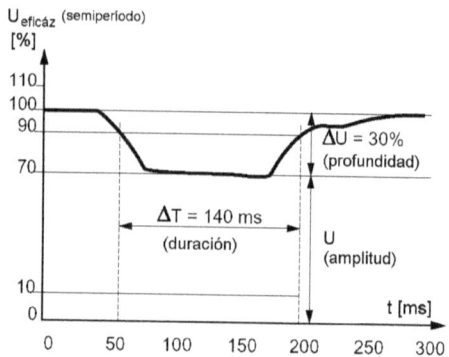

Corte breve de tensión

Se tiene un **Corte** o **Interrupción breve de tensión** cuando la tensión de las tres fases es inferior al 1% (IEC 61000-2-1), o al 10% (IEEE 1159), de la tensión de alimentación durante un tiempo superior a medio ciclo (10 milisegundos) e inferior a 1 minuto (IEC 61000-2-1).

IEC 61000-2-1	99% ≤ ΔU ≤ 100%	
IEEE 1159	90% ≤ ΔU ≤ 100%	10 ms ≤ Δt ≤ 1 minuto

Es equivalente a un hueco que afecte a las tres fases y tenga una amplitud del 99% (IEC 61000-2-1), o del 90% (IEEE 1159), al 100%.

Los americanos clasifican los **huecos de tensión** (sag o dip) y los **cortes** (interruption) según su duración:

- instantáneo (instantaneous) $T/2 > \Delta t > 30\ T$
- momentáneo (momentary) $30\ T > \Delta t > 3\ s$
- temporal (temporary) $3\ s > \Delta t > 1$ minuto
- mantenido (sustained interruption) y subtensión (undervoltage) $\Delta t > 1$ minuto

En otros países, los **Cortes Breves** de tensión se llaman también **Cortes Momentáneos**, y si el corte supera el minuto (3 minutos en los Contratos de Concesión en Argentina) ya no es breve, y se tiene un **Corte Temporario** o **de Suministro** (Black Out).

Algunas Normas denominan **micro-cortes** o **micro-interrupciones** cuando la duración es de medio ciclo hasta de 1 segundo. Las perturbaciones de tensión menores a un semiperíodo de la fundamental son consideradas fenómenos transitorios.

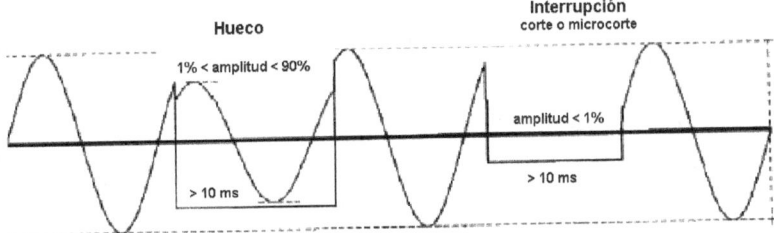

Parámetros característicos de los Huecos de Tensión

Las caídas de tensión menores del 10% de la tensión nominal no son **huecos**, sino se clasifican como **variaciones lentas de tensión**, si hay cambios graduales de la carga del sistema; o como **fluctuaciones,** si hay cambios rápidos y repetitivos de la carga.

Cuando las caídas de tensión tienen un valor constante durante un determinado tiempo, se pueden clasificar los huecos de tensión con dos parámetros, y con ellos es posible estimar las potenciales consecuencias y las acciones preventivas que se podrían adoptar:

- Amplitud o Profundidad: Valor al que cae la tensión. En algunos países suelen dividir los huecos por su profundidad en tres grupos:

  + Entre 10% y 30%.

  + Entre 30% y 80%.

  + Superior al 80%.

- Duración: Tiempo que tarda en recuperarse la tensión. También se suelen clasificar en dos grupos:

  + Entre 0,01 segundos y 1 segundo.

  + Entre 1 segundo y varios segundos.

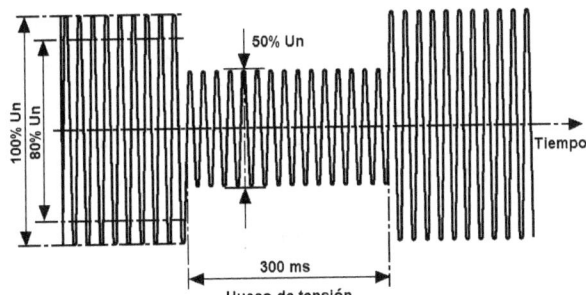

Las caídas de tensión que no son constantes en toda su duración, sino que adoptan formas más complejas, no son tan frecuentes y prácticamente pueden caracterizarse por su profundidad máxima y su duración total.

Parámetros característicos de los Cortes breves

Los **cortes breves** se caracterizan únicamente por su **duración**, y según la Guide to Quality of Electrical Supply for Industrial Installations, reciben la denominación de:

✦ cortes breves de corta duración los que no se prolongan más de 0,4 segundos; y

✦ cortes breves de larga duración, cuando superan ese límite.

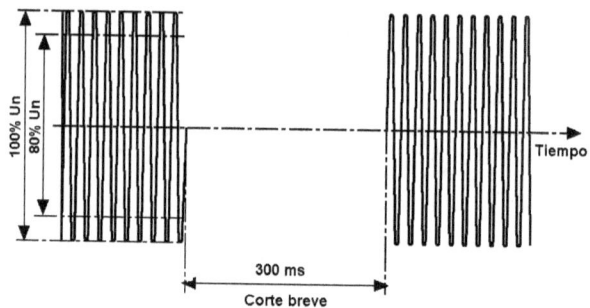

Origen de los Huecos y de los Cortes Breves de Tensión

Las principales causas que ocasionan los huecos y los cortes breves de tensión son las maniobras con variaciones de corrientes grandes en los sistemas de potencia, o fallas en la red eléctrica o en las instalaciones de los usuarios.

Cuando se produce una falla, las elevadas corrientes de cortocircuito que se originan provocan, a través de las impedancias de los elementos de la red, caídas de la tensión en una o más fases durante el tiempo necesario hasta que sea despejada la falla. Esta caída de tensión se manifiesta en toda la red, pero su magnitud es mayor a medida que la proximidad a la falla sea mayor. O sea, las duraciones de estas perturbaciones en caso de fallas dependen generalmente de los tiempos de actuación de los elementos de protección, por ejemplo:

$\Delta t < 20$ ms	actuación de fusibles, especialmente de BT
$\Delta t < 100$ ms	actuación de interruptores de MT y AT
$\Delta t < 500$ ms	recierre rápido de interruptores de MT

En la figura se puede observar un **hueco** caracterizado por ΔU_1 y Δt_1 y un **corte breve** por ΔU_2 y Δt_2.

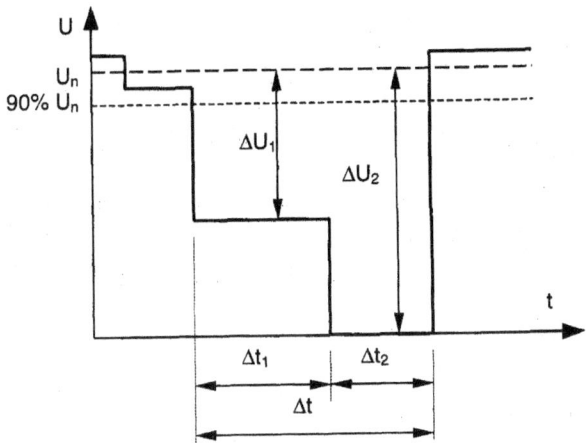

El origen de las fallas puede ser:

✦ Interior al sistema eléctrico: fallas de aislamiento, falsas maniobras, etc.

✦ Exterior al sistema: descargas atmosféricas, excavadoras, etc.

Por este motivo, los huecos y los cortes breves de tensión tienen carácter aleatorio, y en general no es posible eliminarlos completamente, ni tampoco disminuirlos a partir de un determinado límite.

En general, el origen de los **huecos de tensión** se encuentra en las fallas producidas en elementos de la red suficientemente alejadas del punto de conexión del consumidor, mientras que el origen de los **cortes breves** se encuentra en las fallas producidas en la propia línea de suministro de la instalación receptora.

Efectos que provocan

Los efectos que producen los huecos y los cortes breves de corta duración son similares, mientras que son diferentes a los de los cortes breves de larga duración.

Sobre distintos aparatos provocan los siguientes efectos:

En Motores de Inducción

Efectos sobre el accionamiento:

Cuando se presenta un hueco de tensión disminuye el par motor, que es aproximadamente proporcional al cuadrado de la tensión, provocando una disminución de la velocidad del rotor, hasta que se recupere la tensión o hasta la detención del motor.

Cuanto mayor sea la profundidad y la duración del hueco, mayor será la disminución de velocidad del motor:

✦ Huecos mayores al 70% de U_n ($\Delta U \leq 30\%$), en general, no originan la parada del motor asincrónico, independientemente de cuál sea su duración, ya que se alcanza un nuevo equilibrio entre el par motor y el par resistente a una velocidad menor.

✦ Si la profundidad del hueco es mayor al 30%, va a depender de su duración y de la constante de inercia del motor para que se produzca o no la detención.

Lo descrito sucede simultáneamente en todos los motores de la instalación perturbada por el hueco. Si la duración supera a 1 segundo, las corrientes de reaceleración de los motores serán similares a las de los arranques, es decir, de 5 a 6 veces la intensidad nominal aproximadamente. Esto puede provocar a un nuevo hueco de tensión que impida la reaceleración de los mismos.

Esto también es válido para los cortes breves de corta duración, con peores condiciones que en los huecos, por la desaparición de las tres tensiones.

Para los cortes breves de larga duración el motor puede llegar a detenerse.

Efectos sobre el control del motor:

✦ Control con contactores. Cuando se pone en marcha el motor, el contactor se auto alimenta. Si la tensión disminuye por debajo de un valor determinado durante el funcionamiento normal del motor, el contactor abre y manualmente hay que reconectarlo.

✦ Control con interruptores y relés de mínima tensión. Para evitar que cuando se restablezca la tensión después de la perturbación se produzca el arranque simultáneo de toda la instalación, se suelen usar relés de mínima tensión o de bobinas de tensión nula, que desconectan los motores en función de la profundidad y duración del hueco.

En caso de cortes breves de corta duración es similar al descrito. En los de larga duración, van a actuar con toda seguridad los relés de mínima tensión.

En Motores Sincrónicos

Efectos sobre el accionamiento

Cuando se presenta un hueco de tensión disminuye el par motor, que es proporcional a la tensión, y la máquina puede perder su velocidad sincrónica si la duración del hueco es prolongada y la inercia del motor con la carga acoplada no es grande.

Esto tiene baja probabilidad de que suceda debido a que generalmente estos motores tienen masas inerciales grandes y posibilidades de sobreexcitación, a menos que la profundidad del hueco sea mayor al 50%. Entonces, si se produce, en instalaciones industriales sus consecuencias pueden ser importantes.

En cortes breves de larga duración provocaría la detención del motor.

Efectos sobre el control

Los motores sincrónicos generalmente son controlados mediante interruptor y relé de mínima tensión, por esta razón el comportamiento es similar al de los motores asincrónicos.

En Sistemas de Control de Procesos

Los controles electrónicos de procesos operan en tiempo real, por lo tanto, los huecos y los cortes breves de corta duración pueden provocar en ellos órdenes con errores que modifiquen la coordinación del funcionamiento de estos procesos.

Los cortes breves de larga duración pueden producir la pérdida de control.

En Computadoras

Todas las computadoras, ya sea que realicen trabajos administrativos, de vigilancia o control de procesos industriales, son sensibles a los huecos de tensión, los que pueden causar en ellas pérdidas de información o interpretaciones de órdenes erróneas.

Medidas Preventivas y Correctivas

Las medidas para enfrentar a los efectos de los huecos de tensión y cortes breves son distintas según se trate de una instalación nueva que se va a conectar por primera vez o de una que ya está en funcionamiento.

Para instalaciones nuevas se debe hacer un estudio del punto de suministro más conveniente (esto se verá más adelante).

Si la instalación ya está en funcionamiento, se debe recabar información sobre:

+ El momento en el que se producen las perturbaciones y su relación con fallas en la red de alimentación o en las instalaciones del consumidor.

+ Cuál es el tipo de perturbación interna que ocurre.

+ Se deben registrar esas perturbaciones para poder identificar las fallas que son las causantes de los huecos y sus duraciones.

+ Se debe determinar las pérdidas de producción o de cualquier otro tipo.

+ Se debe determinar el grado de insensibilización.

Con esta información hay que estimar la situación y analizar las medidas que pueden tomar la Distribuidora y el usuario.

Medidas a tomar por la Distribuidora

Las medidas que puede tomar la Distribuidora de energía eléctrica son:

- Elevar la potencia de cortocircuito de la zona, o sea disminuir la impedancia equivalente de cortocircuito aguas arriba. Con ello se consigue disminuir el área de influencia de las fallas, reduciendo así la cantidad y profundidad de los huecos.

- Reducir la cantidad de huecos:

  ✦ Realizando un mantenimiento intensivo en zonas donde las instalaciones tienen un alto índice de fallas; por ejemplo, solucionando problemas de contaminación, nieblas, materiales en mal estado, etc.

  ✦ Verificando el adecuado funcionamiento de los sistemas de protección contra las sobretensiones de origen atmosférico.

- Reducir la duración de los huecos comprobando que los tiempos de actuación de las protecciones para la eliminación de fallas son normales.

- Independizar, si es posible, el punto de suministro del usuario de las zonas que están muy expuestas a fallas; por ejemplo, usando transformadores independientes.

Medidas a tomar por el Usuario

- Disminuir todo lo posible el tiempo de actuación de las protecciones.

- Calcular las protecciones tal que soporten las reaceleraciones de los motores.

- Si la planta tiene generación propia:

  ✦ Conectar los servicios esenciales en la barra que eléctricamente esté más cerca de la generación. Así es posible disminuir la profundidad de los huecos.

  ✦ Tener sistemas de desacoplamiento de los consumos prioritarios sobre la generación propia en caso de perturbación. Esto puede disminuir la duración de los huecos.

- Conmutar a un suministro alternativo. Se produce un paso por cero que puede ser inmunizado. Este tiene la ventaja adicional de hacer frente a los cortes breves de larga duración.

- Inmunizar la instalación.

Medidas de inmunización en la instalación del Usuario

La inmunización de una instalación no se puede usar en todos los casos. El costo es elevado, por lo que es necesario valorarla en cada situación:

- Para duraciones inferiores a 1 segundo, es económicamente viable, ya que afecta principalmente a los sistemas de control con potencias medias.

- Para los huecos superiores a 1 segundo y los cortes breves de larga duración que pueden afectar a una potencia elevada, es mucho más costosa.

Sólo se justifica económicamente en aquellas partes de la instalación que tienen potencia reducida y cuya permanencia es de gran importancia, como, por ejemplo, los centros de proceso de cálculo y sistemas de control.

Los medios de inmunización más comunes de las instalaciones de los clientes son:

- Sistemas de retención o reenganche de contactores. Son indicados para cargas menores a unos VA y para huecos o cortes breves de menos de 1 segundo.

- Conjunto "motor de alterna–alternador con volante de inercia". Es adecuado para cargas menores a 500 kVA y para huecos o cortes breves de menos de 0,5 segundos.

- Fuente de continua con condensador de almacenamiento. Es eficaz para cargas menores a unos VA y para huecos o cortes breves inferiores a 1 segundo.

- Fuente de continua con batería de almacenamiento. Es indicada para cargas menores a 300 kVA.

- Conjunto "motor de alterna–alternador con volante de inercia y motor térmico de emergencia". Es adecuado para cargas de menos de 500 kVA. Cuando entra el motor térmico de emergencia, puede producirse un paso por cero de corta duración.

- Conjunto "rectificador-batería-motor de corriente continua-alternador con volante de inercia". Es indicado para cargas menores de 500 kVA.

- Sistemas de alimentación ininterrumpida (UPS). Son eficaces para cargas menores de 1000 kVA.

- Conmutación a alimentación de emergencia. Es adecuada para cargas inferiores a 1000 kVA. Implica un paso por cero de 0,4 segundos y la disponibilidad de alimentación indefinida desde la nueva fuente.

- Grupo de emergencia diésel. También resulta apropiado para cargas de menos de 1000 kVA.

Aplicación de las Medidas de inmunización

La aplicación de los sistemas de inmunización a algunos de los receptores más sensibles presenta las siguientes características:

- Contactores. En el caso más habitual, el contactor cae inmediatamente con el hueco y permanece abierto hasta la reconexión manual, pero pueden darse también otras posibilidades:

    + El contactor permanece cerrado alrededor de 1 segundo tras la aparición del hueco. Si al cabo de ese tiempo la tensión no se recupera, abre definitivamente.

    + El contactor abre inmediatamente con el hueco y cierra si una tensión apropiada vuelve antes de un tiempo previamente establecido.

    + El contactor abre inmediatamente con el hueco y cierra al cabo de un tiempo preestablecido, si en ese instante la tensión es apropiada.

La elección de una variante u otra estará en función de que el proceso tenga la inercia suficiente para soportar la falta de alimentación y de que la reaceleración sea tolerable. Dado que puede suceder una parada no prevista, es preciso evaluar si este riesgo es aceptable frente a la seguridad que proporciona la parada prevista.

- Computadoras. Se pueden usar dos posibilidades:

  + La propia computadora detecta la perturbación, interrumpe el proceso y lo reanuda automáticamente cuando la tensión vuelve a su valor normal.

  + Utilizar sistemas cuya salida de tensión no sea afectada por los huecos.

- Sistemas de control de procesos. En este caso es adecuada la segunda posibilidad indicada para las computadoras.

9

Sobretensiones

Sobretensión

Es un aumento temporal del valor de la tensión eficaz superior al 10% de la tensión nominal que puede causar o no daño a los materiales de una instalación y a los elementos conectados.

Tipos de sobretensiones

Las elevaciones de tensión que pueden aparecer en las redes eléctricas actuales pueden ser de larga o corta duración, siendo generalmente las segundas de mayor valor que las primeras, y se clasifican en dos tipos:

+ Sobretensiones temporarias
+ Sobretensiones transitorias

Las sobretensiones temporarias, en inglés Swell, son incrementos temporarios del valor eficaz de la tensión en más del 10% de su valor nominal, a la frecuencia de servicio, con duraciones de medio ciclo (10 milisegundos) hasta un minuto.

Son perturbaciones internas de duración prolongada que generalmente se presentan en forma de oscilaciones de frecuencia próxima a la de servicio, con valores de sobretensión que no suelen superar 1,5 veces la tensión nominal. Pueden originarse por interrupción del conductor neutro, fallas a tierra, instalaciones de hornos de arco, desconexión de cargas importantes o de líneas muy capacitivas en vacío que provoquen la autoexcitación de un generador, resonancias o ferroresonancias en circuitos no lineales, falta de una o de dos fases en un circuito en el que se compensa el factor de potencia con capacitor trifásico produciéndose sobretensión en las fases que no están energizadas, etc.

Las sobretensiones transitorias, también llamadas transitorias o impulsos transitorios, en inglés Spike, pueden tener los siguientes orígenes:

+ Perturbaciones externas o atmosféricas (de alta energía)
+ Perturbaciones internas de maniobra de conmutación (de baja energía)

Los transitorios debidos a descargas atmosféricas son de gran energía y tienen una forma de onda normalizada de 10/350 μs. El primer número indica el tiempo que tarda el frente de onda en alcanzar el 90% del valor máximo; mientras que el segundo número indica el tiempo que tarda en reducirse hasta el 50% de su valor, momento en el cuál se considera extinguido.

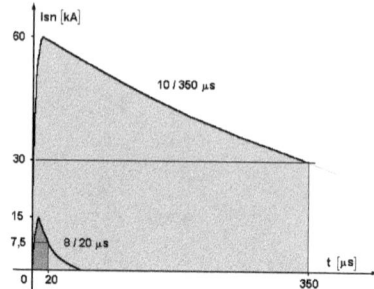

Los transitorios por maniobras de conmutación son transitorios de baja energía y tienen una forma de onda normalizada tipo 8/20 μs.

En la figura se observa la comparación de los impulsos normalizados utilizados para el diseño de dispositivos de protección contra sobretensiones transitorias.

El 80% de los daños causados por las sobretensiones se deben a transitorios por conmutación. Si bien estos transitorios generalmente son invisibles, causan tanto o más daño que una descarga atmosférica.

Sobretensiones transitorias

Es una variación brusca del valor instantáneo de la amplitud de la tensión. Puede llegar a ser varias veces superior al valor nominal de ésta y su duración oscila entre algunos microsegundos y 10 milisegundos, lo que equivale a medio ciclo de la onda senoidal.

Por su amplitud y duración, las sobretensiones transitorias tienen que ser analizadas a partir de valores instantáneos de la amplitud de la onda de tensión y no mediante valores promedios, que son los que habitualmente se utilizan para medir otro tipo de perturbaciones que afectan a la amplitud de la onda.

Las sobretensiones transitorias aparecen de forma esporádica, pero es posible también que se repitan a lo largo del tiempo.

Pueden aparecer en cualquier punto de la red. A partir de éste, tienden a desplazarse a lo largo de la misma con la velocidad de propagación de una onda en un medio conductor. Por ello, en la práctica, suele considerarse que aparecen en todos los puntos de dicha red en el mismo instante en el que es generado, aunque con parámetros diferentes, especialmente en lo que se refiere al valor de pico, o sea a su energía asociada, que disminuye cuanto más se aleja del punto de generación.

En consecuencia, es posible que ciertas sobretensiones transitorias generadas en líneas de alta tensión se propaguen por ellas, se transmitan a través del acoplamiento inductivo de los transformadores y aparezcan, atenuadas, en las líneas de tensiones más bajas.

Clasificación de Sobretensiones Transitorias

Las sobretensiones transitorias pueden, en función del instante de la onda de tensión en el que se producen (ver siguiente figura), ser clasificadas en:

- ✦ Positivas

- ✦ Negativas

Los efectos de ambas son equivalentes.

De acuerdo con su forma pueden ser clasificados en

- ✦ <u>Simples</u>. Presentan un frente de subida y un frente de bajada, a partir del cual, y sin oscilaciones posteriores, la tensión vuelve a su valor normal.

- ✦ <u>Complejos</u>. Se caracterizan por un frente de subida, seguido de oscilaciones que van amortiguándose en un determinado periodo de tiempo.

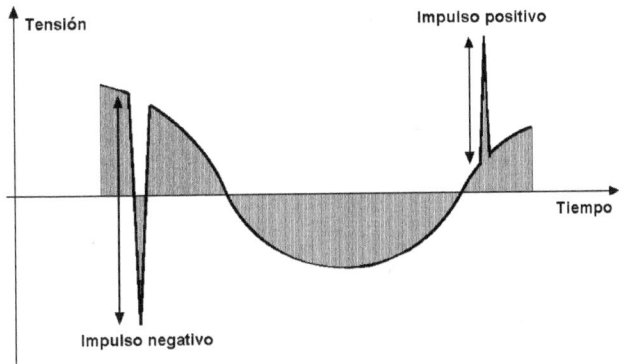

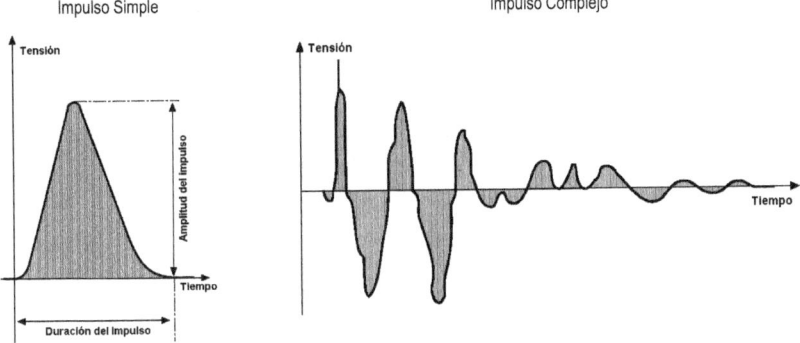

Parámetros característicos de las Sobretensiones Transitorias

- **Tiempo de subida.** Intervalo de tiempo existente entre el 10% y el 90% de la amplitud máxima de la sobretensión. Es del orden de los microsegundos.

- **Tiempo de bajada.** Intervalo existente entre el punto de amplitud máxima de la sobretensión y un valor determinado de su decrecimiento, normalmente el 50%. Es también del orden de los microsegundos.

- **Duración.** Diferencia absoluta entre los instantes de inicio y final de la sobretensión. Varía entre varios microsegundos y algunos milisegundos.

- **Valor de pico.** Amplitud máxima de la sobretensión. Su orden de magnitud es de 1 a 5 veces el valor nominal de la tensión.

- **Energía.** Capacidad de disipación de potencia de la sobretensión sobre una impedancia dada. Depende de la duración y del valor de pico.

- **Frecuencia de oscilación.** Frecuencia asociada a la oscilación amortiguada de una sobretensión de forma compleja. Su valor es superior a 1 kHz.

Valores de referencia de las Sobretensiones Transitorias

En la siguiente tabla se indican las sobretensiones más habituales en las redes de distribución de media y baja tensión, y los valores de referencia de sus principales parámetros que son mensurables.

Causa	Duración	Frecuencia de oscilación	Valor de pico para BT
Actuación de elementos de corte	$t > 100 \ \mu s$	$f < 10$ kHz	$V_p < 1$ kV
Transferidas de un nivel superior de tensión	$t > 100 \ \mu s$	$f < 10$ kHz	$V_p < 1$ kV
Descarga atmosférica	$1 \ \mu s < t < 100 \ \mu s$	10 kHz $< f < 10$ MHz	$V_p < 5$ kV
Reencendido	$1 \ \mu s < t < 100 \ \mu s$	10 kHz $< f < 10$ MHz	$V_p < 5$ kV

Los **Valores de Pico** para **MT** están limitados por el nivel de protección de la red.

Orígenes de las Sobretensiones Transitorias

En función de su origen, se pueden distinguir dos tipos de causas o fuentes generadoras de sobretensiones transitorias:

- Fuentes exteriores al sistema eléctrico.

- Fuentes interiores del sistema eléctrico.

Fuentes de sobretensiones exteriores al sistema eléctrico

La fuente principal es la descarga atmosférica o rayo.

Puede provocar sobretensiones por los siguientes motivos:

- Por el impacto directo de la descarga en la red eléctrica.

- Por la inducción producida por la descarga a tierra de un rayo en las proximidades de la red eléctrica. Los parámetros de las sobretensiones generadas por fuentes externas tienen magnitudes diferentes según sea la forma en la que hayan sido provocados. En general, son de mayor energía los originados por el impacto directo.

La probabilidad y la frecuencia de aparición de estas sobretensiones depende de las características geográficas de cada zona, definidas por los niveles isoceráunicos, que determinan la frecuencia de las descargas atmosféricas.

Fuentes de generación de sobretensiones interiores del sistema eléctrico

Existen elementos en la red eléctrica y en los receptores conectados a ella que pueden generar sobretensiones. Las fuentes más habituales son:

- **Actuación de un elemento de corte** (operación de conexión o desconexión). La sobretensión se produce como consecuencia de un cambio brusco de la intensidad que circula por la red derivado de la conexión o desconexión de cargas. En los casos de desconexión, se pueden generar sobretensiones de forma compleja cuando en el elemento de corte se producen reencendidos en la extinción del arco eléctrico.

  Por ejemplo, se producen sobretensiones en la:

- Conexión y desconexión de líneas eléctricas mediante seccionadores o interruptores. La sobretensión es atribuible a la existencia de las inductancias equivalentes de las líneas eléctricas.

- Conexión y desconexión de transformadores. La sobretensión se produce como resultado de la existencia de un núcleo magnético.

- Conexión de baterías de condensadores. Se utilizan habitualmente para regular la tensión en las redes eléctricas, corregir el factor de potencia, etc. Su puesta en servicio provoca sobretensiones como consecuencia de las características transitorias de la carga de un condensador.

- Conexión y desconexión de cargas. Ciertos receptores, incluidos electrodomésticos tales como motores, lámparas de descarga, etc., pueden generar sobretensiones a causa de sus características técnicas.

- Fusión de fusibles. Los fusibles de limitación de corriente generan sobretensiones al actuar, debido a la inductancia equivalente de la red que protegen.

- Conmutaciones de convertidores electrónicos de potencia. Generan sobretensiones periódicas, al producirse cortocircuitos momentáneos en el proceso de conmutación, seguidos de un rápido cambio en la tensión.

Los parámetros de las sobretensiones generadas por cada una de estas fuentes son característicos, de modo que es posible asociar la forma de la sobretensión transitoria a su fuente de origen. En general, tienen una energía superior a los de tipo rayo, ya que, aunque su valor de tensión de pico es menor, su duración suele ser mayor.

Conexión y desconexión de condensadores

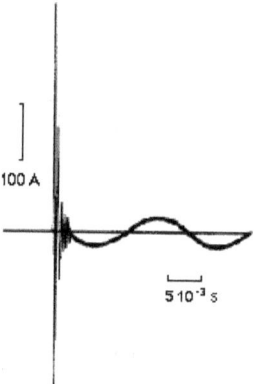

Cuando se conectan o desconectan bancos de capacitores se producen fenómenos transitorios según sea la maniobra.

La conexión del capacitor a la red produce un transitorio con una elevada corriente de cresta (> 180 In) con una elevada frecuencia de aproximadamente 15 kHz.

El valor de la corriente depende de:

- La potencia de cortocircuito de la red.

- La potencia de la batería de condensadores.

- Si se conecta un solo condensador o si ya existen condensadores conectados.

Efectos que producen las Sobretensiones Transitorias

Las sobretensiones pueden perturbar a los elementos de las redes y a las cargas. Su consecuencia más directa es la aparición, en la mayoría de los casos, de un impulso de tensión cuyos efectos negativos dependerán de la magnitud del mismo.

Efectos sobre las redes y equipos

Los niveles de aislamiento dieléctrico que incorporan actualmente los diseños de las redes y equipos asociados permiten que éstos soporten sin daño las sobretensiones previsibles en función de su localización geográfica y de sus propias características técnicas.

Los cables, aisladores, condensadores, transformadores, interruptores y otros elementos de la red tienen un límite máximo admisible de sobretensión transitoria, denominado habitualmente **tensión de choque**, que se obtiene a partir de ensayos.

El grado de cumplimiento de estos límites, mediante una adecuada coordinación de los niveles de aislamiento en los diferentes estados de la red, determinará que estos equipos sean más o menos inmunes a las sobretensiones transitorias.

Efectos sobre las cargas

Los nuevos equipos que aparecen en el mercado incluyen dispositivos electrónicos, fabricados con elementos semiconductores, lo que hace que presenten un bajo nivel de inmunidad frente a las sobretensiones.

Los efectos de este tipo de perturbaciones sobre las cargas pueden ser clasificados en función del riesgo de que éstas sufran averías o anomalías de funcionamiento.

Cargas con riesgo de avería

Básicamente, son los equipos que incorporan semiconductores de potencia, por ejemplo:

- Rectificadores con diodos.

- Controladores de velocidad de motores mediante tiristores.

- Controladores de velocidad mediante triacs.

Estas cargas pueden sufrir daños por sobretensiones del orden de nanosegundos. La probabilidad de que se produzcan averías depende de diversos factores, entre ellos:

- Amplitud de la sobretensión transitoria.

- Duración de la sobretensión transitoria.

- Polaridad.

- Características de la red a la que están conectados.

Cargas con riesgo de anomalías de funcionamiento

Son cargas con circuitos electrónicos para señales de baja potencia. En general, no están conectadas directamente a la red de baja tensión, sino que se acoplan mediante una conversión ca/cc. Esta puede transmitir las sobretensiones que llegan a través de la red y afectar a los circuitos electrónicos alterando su funcionamiento.

Algunos de las cargas más sensibles son las siguientes:

- Sistemas digitales en general. Estas cargas (computadoras, sistemas controlados por microprocesadores, etc.) pueden sufrir alteraciones en los programas, almacenamiento incorrecto de datos en la memoria, etc.

- Sistemas de control. Cuando están construidos con microprocesadores, se pueden producir rupturas en la función de control.

- Instrumentos. Es posible la generación de indicaciones incorrectas.

- Alarmas y sistemas de disparo. Pueden actuar de manera no deseada.

- Equipos de control de velocidad de motores. Cuando el control se realiza mediante semiconductores de potencia, la velocidad puede verse alterada de forma involuntaria.

Medidas preventivas y correctivas

Para lograr la CEM de las cargas frente a las sobretensiones transitorias se puede hacer lo siguiente:

- Reducir la emisión de sobretensiones transitorias en la fuente perturbadora. Esto es imposible de concretar en el caso de las fuentes externas e, incluso, muy difícil en el caso de las internas. En cualquier caso, no se pueden fijar niveles de CEM desde el punto de vista de la emisión.

- Atenuar su propagación.

- Aumentar la inmunidad de las cargas. Pueden fijarse niveles de CEM desde el punto de vista de la inmunidad (tensión de pico máxima, energía asociada a los impulsos, etc.)

Entre las medidas de prevención y corrección, cabe distinguir las que puede adoptar la empresa Distribuidora y las que pueden aplicar los Consumidores.

Medidas de la Distribuidora

En el diseño de las instalaciones del sistema eléctrico, las Distribuidoras adoptan fundamentalmente dos tipos de medidas preventivas:

- Una adecuada coordinación de los niveles de aislamiento de los elementos que integran las redes.

- La instalación de dispositivos que extinguen las sobretensiones en puntos cercanos a la fuente de generación. Los más habituales son:

    ✦ Descargadores (de carburo de silicio o de óxido de zinc)

    ✦ Explosores

    ✦ Conductores de hilo de guardia sobre apoyos en líneas aéreas de MT y AT.

Estas medidas permiten disminuir la propagación de sobretensiones hacia las instalaciones de los clientes, pero no garantizan su eliminación total, ni la inmunidad. Siempre existirá una posibilidad de penetración de las sobretensiones generados en puntos externos a la instalación del consumidor, en especial como consecuencia de inducciones provocadas por descargas atmosféricas.

Medidas de los Usuarios

Deben identificar las cargas que son sensibles a las sobretensiones y anteponerle, en sus circuitos de alimentación, dispositivos que absorban esas sobretensiones y eviten su propagación.

Entre los más comunes esta el limitador de sobretensiones. Se debe elegir el limitador más adecuado para cada instalación, y para ello es necesario tener en cuenta sus parámetros característicos:

✦ Tensión nominal de funcionamiento.

✦ Tiempo de respuesta, entre picosegundos y microsegundos.

✦ Intensidad de pico del impulso de corriente admisible.

✦ Tensión en los extremos del supresor durante la disipación. Su orden de magnitud es muy inferior al nominal.

Limitador de Sobretensiones

La protección en paralelo es la protección más utilizada.

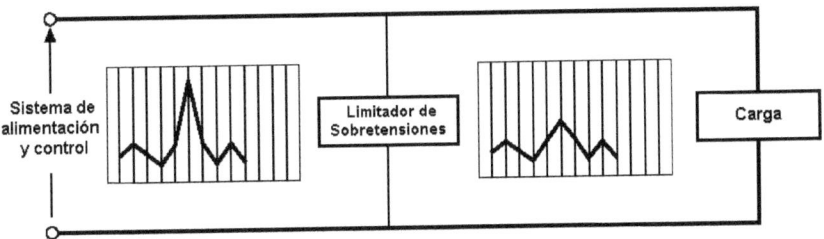

Principales características para baja tensión

• La tensión nominal de alimentación de la protección debe ser la de la red en bornes de la instalación 220/380 V.

• En ausencia de sobretensión, ninguna corriente de fuga circula a través de la protección; está en posición de vigilia.

• A la aparición de una sobretensión que sobrepase el umbral de tensión admisible por la instalación a proteger, la protección conduce brutalmente la corriente debida a la sobretensión hacia la tierra, limitando la tensión al nivel de protección deseado U_p (figura siguiente).

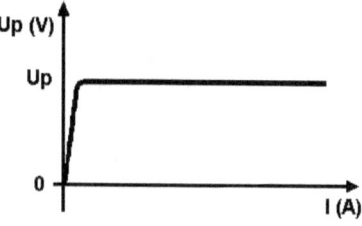

Curva característica U/I de la protección ideal

- Cuando desaparece la sobretensión, la protección deja de conducir y vuelve al estado de vigilia sin mantener corriente (corriente de fuga). Es la curva característica U/l ideal:

El tiempo de respuesta (t_r) de la protección debe ser lo más corto posible para proteger lo más rápidamente la instalación.

La protección debe estar dimensionada para evacuar la energía debida a la sobretensión previsible en el sitio a proteger.

La protección de los **limitadores de sobretensión** debe ser capaz de soportar (según algunas normas europeas, base de la futura IEC) 20 choques de rayo en onda 8/20 ms a la corriente nominal I_n, y una vez la corriente máxima admisible $I_{máx}$.

10

Desequilibrios de Tensiones

Desequilibrios de tensión

Un sistema trifásico esta desequilibrado, desbalanceado o asimétrico cuando las tres tensiones no son iguales en amplitud y/o los desfases relativos existentes entre ellas no son iguales.

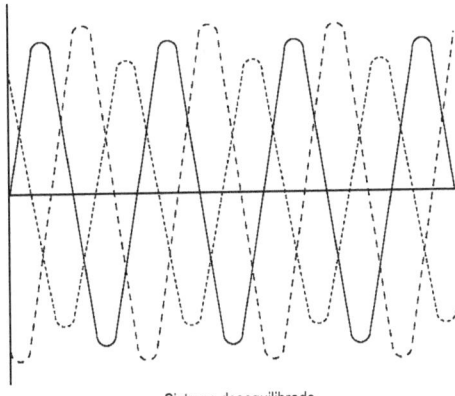

Sistema desequilibrado

El sistema sinusoidal trifásico equilibrado se lo puede representar mediante tres vectores, de módulos iguales y desfasados 120° entre sí, que giran en sentido antihorario.

Para analizar los grados de desequilibrios de tensión, se usa el **método de las componentes simétricas** desarrollado por Fortescue: tres fasores desequilibrados de un sistema trifásico se pueden descomponer en tres sistemas equilibrados de fasores. Los conjuntos de componentes son:

- **Componentes de secuencia positiva o directa**: Sistema trifásico equilibrado sincrónico con el sistema de origen.

Sus componentes son designados mediante U_1 y I_1.

- **Componentes de secuencia negativa o inversa**: Sistema trifásico equilibrado, pero opuesto al sistema de origen.

Se designa a sus componentes como U_2 y I_2.

- **Componentes de secuencia cero u homopolar**: Sistema constituido por tres fasores cuyos módulos y dirección son iguales.

Sus componentes son representados mediante U_0 y I_0.

Sistemas básicos

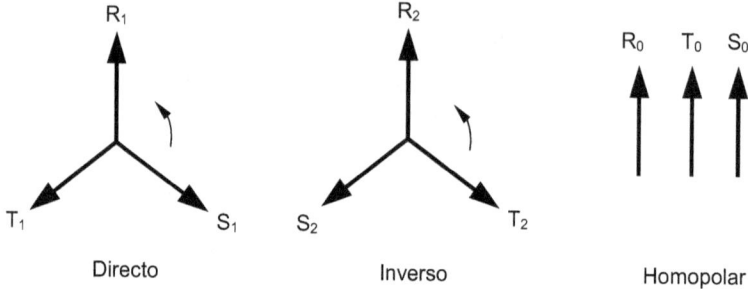

| Directo | Inverso | Homopolar |

Estas magnitudes pueden ser calculadas, en función del sistema original (U_R, U_S, U_T), mediante las siguientes expresiones matemáticas, en las que "**a**" es el operador unitario que gira 120°.

$$a = e^{j120°} = \cos 120° + j \operatorname{sen} 120° = -0,5 + j\,0,866$$

$$\vec{U}_2 = \frac{1}{3}\left(\vec{U}_R + a^2 \cdot \vec{U}_S + a \cdot \vec{U}_T\right)$$

$$\vec{U}_1 = \frac{1}{3}\left(\vec{U}_R + a \cdot \vec{U}_S + a^2 \cdot \vec{U}_T\right)$$

$$\vec{U}_0 = \frac{1}{3}\left(\vec{U}_R + \vec{U}_S + \vec{U}_T\right)$$

Valores de referencia

Las tensiones desequilibradas que aparecen en el Punto de Suministro (PS), como consecuencia de la conexión de cargas asimétricas trifásicas o cargas fase–fase, pueden ser calculadas mediante la siguiente expresión:

$$\Delta U_{deseq}(\%) = \frac{\text{Potencia aparente de las cargas conectadas}}{\text{Potencia de cortocircuito en el PS}} \cdot 100$$

Determinación del grado de desequilibrio de la tensión

En una carga monofásica conectada según la siguiente figura es válida la siguiente expresión, en la cuál I_1, I_2 son componentes simétricas:

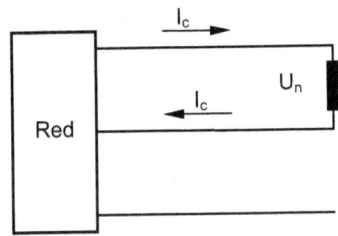

$$I_1 = I_2 = \frac{I_c}{\sqrt{3}}$$

En las redes de media tensión, generalmente, la impedancia de secuencia inversa es igual a la impedancia de cortocircuito, o sea: $Z_2 = Z_{cc}$.

Entonces, las tensiones de las secuencias inversa y directa serán:

$$U_2 = I_2 \cdot Z_2 = I_2 \cdot \frac{U_n^2}{S_{cc}} \qquad\qquad U_1 = \frac{U_n}{\sqrt{3}}$$

S_{cc}: es la potencia de cortocircuito en el punto que se toma en consideración.

En consecuencia, el grado de desequilibrio de secuencia inversa es el siguiente:

$$\Delta U_{deseq}(\%) = \frac{\text{Tensión de componente inversa } U_2}{\text{Tensión de componente directa } U_1} \cdot 100 = \frac{U_2}{U_1} \cdot 100$$

Si en esta expresión se reemplazan los valores obtenidos anteriormente, se llega a la definición inicial, es decir:

$$\Delta U_{deseq}(\%) = \frac{S_c}{S_{cc}} \cdot 100$$

En la mayoría de los casos se usa esta expresión para determinar el grado de desequilibrio de la tensión de una carga monofásica.

También es posible calcular el **grado de desequilibrio de secuencia homopolar** como la relación entre la componente homopolar y la componente directa:

$$\Delta U_{deseq}(\%) = \frac{\text{Tensión de componente homopolar } U_0}{\text{Tensión de componente directa } U_1} \cdot 100 = \frac{U_0}{U_1} \cdot 100$$

Como los transformadores con uno de sus arrollamientos con conexión en triángulo no transfieren hacia el otro las componentes homopolares de la corriente, estos desequilibrios no afectan a todo el sistema.

Medida

Tomando medidas reales de la tensión compuesta de línea, se pueden obtener valores aproximados del grado de desequilibrio, como el máximo desvío del valor medio de tensión de las tres fases dividido por el valor medio:

$$\Delta U_{deseq}(\%) = \frac{\text{Desviación máxima respecto del valor medio de tensión}}{\text{Valor medio de tensión}} \cdot 100$$

Desequilibrio de tensiones:

$$\Delta U_{deseq}(\%) = \frac{U_2}{U_1} \cdot 100 < 2\%$$

Desequilibrio de corrientes:

$$\Delta I_{deseq}(\%) = \frac{I_2}{I_1} \cdot 100 < 10\%$$

Ejemplo:
_____

Determinación aproximada del grado de desequilibrio que existe en un punto de la red de MT en la que se registran las siguientes tensiones compuestas de 13,25 kV, 13,05 kV y 12,50 kV.

$$\text{Valor medio} = \frac{13,25 + 13,05 + 12,50}{3} = 12,93 \, kV$$

Desviaciones:

$13,25 - 12,93 = 0,317$

$13,05 - 12,93 = 0,117$

$12,93 - 12,50 = 0,433$ (máxima)

$$\Delta U_{deseq}(\%) = \frac{0,433}{12,93} \cdot 100 = 3,35\,\%$$

Niveles de compatibilidad

Todos los sistemas eléctricos de potencia siempre tienen desequilibrios instantáneos de sus tensiones de hasta el 1,5%, por más que estén correctamente balanceados. Los motivos son las cantidades de usuarios monofásicos conectados al sistema trifásico variables en el tiempo, cargas trifásicas desequilibradas, asimetrías en la geometría de las líneas aéreas sin transposiciones que presentan distintas capacidades fase - tierra, fusibles fundidos sólo en una o dos fases, etc. Estas tensiones desequilibradas producen calentamiento en las máquinas rotativas, en función del grado de desequilibrio y de su duración.

Las condiciones aconsejables de compatibilidad en el Punto de Suministro son:

- En las redes de media y baja tensión el grado de desequilibrio puede valer como máximo el 2% para duraciones de más de un minuto; y en las de alta tensión no debe superar el 1% para los mismos tiempos.

- En sistemas en que haya varios causantes de este tipo de perturbación, la máxima no debe superar al 0,7% para duraciones de minutos y al 1% para duraciones de segundos.

Fuentes que originan los Desequilibrios

- Generalmente las cargas monofásicas fase – neutro conectadas en las redes de baja tensión, desde el punto de vista de los desequilibrios, no son muy importantes debido a que en los Puntos de Suministros las relaciones S_c/S_{cc} son muy pequeñas. Sin embargo, siempre hay que tratar de repartir adecuadamente estas cargas en las tres fases de la distribución en baja tensión, aunque es prácticamente imposible conseguir un equilibrio perfecto durante todo el tiempo.

- Cargas monofásicas fase – fase de baja, media o alta tensión que consumen intensidades de corrientes diferentes en cada fase y por lo tanto producen tensiones desequilibradas. Por ejemplo, la conexión de potentes hornos monofásicos de inducción, de resistencia, de calentamiento por arco voltaico; máquinas de soldadura por resistencia. También, accionamientos electromotrices monofásicos fase – tierra.

Consecuencias de los Desequilibrios

Las tensiones desequilibradas originan diferentes consecuencias en la red:

- Transformadores y líneas. La intensidad de la corriente para cargas desequilibradas puede llegar a duplicar a las que se tendrían con cargas equilibradas para el mismo consumo de potencia activa, por lo que es recomendable que los factores de utilización de estos elementos no superen el valor de 0,6.

- Motores sincrónicos y asincrónicos. Las corrientes de componente inversa producen un campo giratorio de velocidad doble respecto del rotor, que se opone al de excitación y provoca aumentos de las pérdidas, especialmente en el rotor.

    ✦ En los motores asincrónicos, cuando los desequilibrios son mayores al 1%, se producen calentamientos importantes. Para máquinas trabajando a plena carga, desequilibrios del 2% pueden dañarlas.

    ✦ Los motores sincrónicos admiten corrientes de componente inversa del 5% al 10% de su intensidad nominal, lo que equivale a desequilibrios de tensión del 1% al 2%.

- Aparatos de regulación y control. Deben poder funcionan sin inconvenientes con grados de desequilibrio de tensiones de hasta el 2% (norma IEC 146).

En la siguiente figura puede observarse el efecto de un desequilibrio de tensión en un rectificador de puente de Graetz semicontrolado:

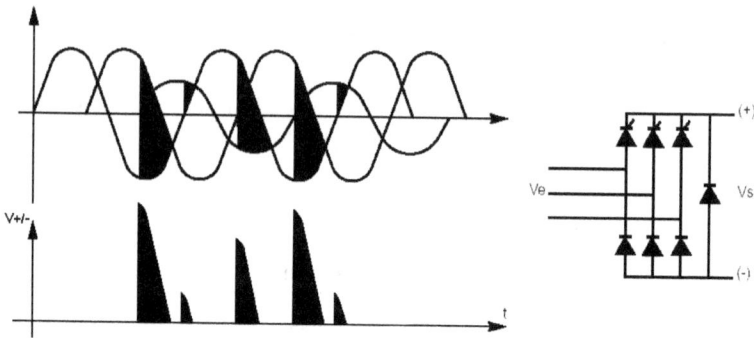

Medidas preventivas y correctivas

Para reducir el grado de desequilibrio de tensiones se puede realizar lo siguiente:

    ✦ Distribuir equilibradamente las cargas monofásicas entre las tres fases.

    ✦ Ubicar el Punto de Suministro de cargas monofásicas importantes, si es posible, en lugares que tengan tensiones o potencias de cortocircuito más altas.

    ✦ Aislar de la red las cargas monofásicas importantes usando convertidores trifásicos equilibrados.

    ✦ Utilizar equipamientos correctores regulables, como reactancias capacitivas e inductivas.

11

Distorsión de la Forma de Onda

Distorsión de la forma de onda

La distorsión de la forma de onda es una desviación instantánea respecto de la forma de onda de tensión y/o corriente sinusoidales puras.

Según la categorización de la norma IEEE 1159, los tipos principales son:

- ✦ Inserción de corriente continua
- ✦ Notching
- ✦ Ruido eléctrico
- ✦ Armónicas
- ✦ Interarmónicas

Inserción de corriente continua (DC Offcet)

Por efecto de los rectificadores de media onda se produce la presencia de una tensión o corriente continua superpuesta en los sistemas de corriente alternada.

Estas corrientes continuas afectan al funcionamiento de los transformadores porque en condiciones normales saturan sus núcleos produciendo calentamientos adicionales con la consecuente reducción de su vida útil.

Estas corrientes continuas también pueden afectar a conectores y jabalinas de puesta a tierra erosionándolos.

Notching (hendidura o muesca)

Perturbación periódica de la tensión con duraciones de menos de medio ciclo y que son ocasionados por el funcionamiento normal de dispositivos electrónicos de los puentes rectificadores en los conversores de corriente alternada trifásica a continua, cuando la corriente es conmutada de una fase a otra.

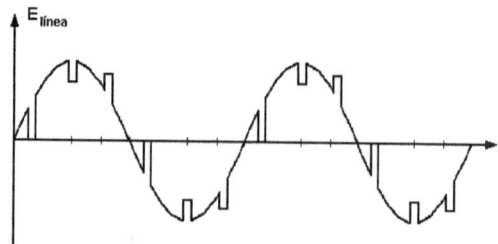

Estas perturbaciones son transitorios periódicos que ocurren en cada ciclo de la onda de tensión, y suceden cuando un rectificador se debe encender y el de otra fase se debe apagar, hay un corto tiempo (del orden de los microsegundos) en el cuál los dos conducen y se ocasiona un cortocircuito entre fases.

Este fenómeno se puede percibir como una variación en el brillo de las lámparas.

Los efectos que producen las muescas son:

- **Altera las formas de onda** y puede afectar a otras cargas y principalmente a los controladores de dichas cargas.

- **Genera armónicos de altas frecuencias** que pueden circular por el sistema y producir resonancias, lo que también puede afectar a los sistemas de control de los dispositivos en barras adyacentes.

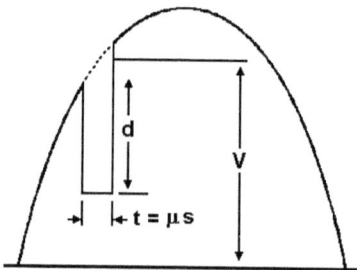

En general, las muescas son filtrados por los transformadores y por lo tanto quedan confinados en la red de baja tensión a la que esta conectado el usuario que provoca la perturbación, y no se propaga a las líneas de media tensión.

Cada **muesca** se caracterizan por el **área**, en [Voltios x microsegundo], y la **profundidad** en [%].

$$\text{Area} = V \cdot t \qquad\qquad \text{Profundidad}_\% = \frac{d}{V} \cdot 100$$

Estas magnitudes dan una indicación de los efectos que sobre las otras cargas de la instalación tiene el puente rectificador.

La norma IEC 519 (1992) recomienda los siguientes valores máximos en el Punto de Suministro de baja tensión:

	Aplicaciones Especiales (1)	Sistemas Generales	Sistemas Dedicados (2)
Profundidad	10%	20%	50%
Distorsión total de tensión	3%	5%	10%
Área	16400	22800	36500

(1) Incluyen hospitales y aeropuertos.

(2) Alimentador exclusivo para la conversión de carga.

Las mediciones de estos valores pueden realizarse con un osciloscopio.

Ruido Eléctrico (Noise)

Son distorsiones de formas de ondas de las tensiones que se superponen a las corrientes o las tensiones en los sistemas de potencia, con frecuencias de hasta 200 kHZ, y que pueden ocasionar problemas a los equipos conectados.

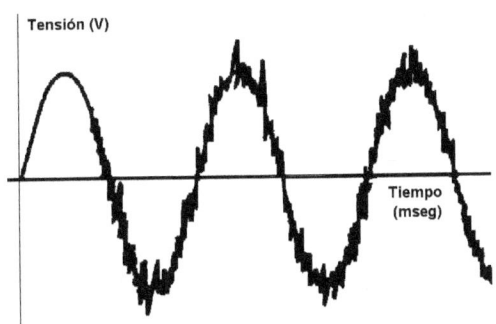

La causa de los ruidos eléctricos en los sistemas de potencia puede ser producida por dispositivos electrónicos, circuitos de control, chispas de contactos, puestas a tierra pobres, lámparas fluorescentes, cargas con rectificadores de estado sólido, etc.

El ruido eléctrico perturba esencialmente a los dispositivos electrónicos, tales como microprocesadores y controles programables, y puede ser disminuido mediante el empleo de filtros, transformadores de aislación y acondicionadores de línea.

93

Corrientes Armónicas

Armónicas: son oscilaciones senoidales de frecuencia múltiplo de la fundamental.

Una señal periódica tiene armónicas cuando la forma de onda no es senoidal, o sea, es una señal deformada con respecto a una señal senoidal pura.

Una tensión armónica es una tensión senoidal cuya frecuencia es múltiplo entero de la frecuencia fundamental de la tensión de alimentación.

Cada múltiplo de la onda fundamental se conoce como **orden de la armónica**, la corriente fundamental o base (50 Hz) se conoce como de **1° orden** o **fundamental**, y por ejemplo, una corriente armónica de 3° orden tiene una frecuencia de tres veces el valor de la onda fundamental, o sea 150 Hz.

Las armónicas en las instalaciones eléctricas han comenzado a ser importantes en los últimos diez años, debido a que la proporción del consumo electrónico ha comenzado a ser comparable al consumo de los equipos eléctricos.

La aparición de corrientes armónicas se debe a la presencia de elementos no lineales en el sistema.

- Un **elemento lineal** es aquél donde la tensión instantánea es proporcional a la corriente, su integral o su derivada. Las cargas pasivas: resistencia, capacidad o inductancia, no son función de la corriente que las recorre. Por ejemplo un inductor de núcleo de aire es un elemento lineal, ya que si se le aplica una tensión se registrará cierta corriente, y si se duplica la tensión, la corriente también lo hará reteniendo la misma forma de onda anterior.

- Un **elemento no lineal** es un componente en el circuito en el cuál la tensión no esta proporcionalmente relacionado con la corriente. No debe ser confundida con la dependencia de la frecuencia; por ejemplo, la impedancia de una línea de transmisión cambia con la frecuencia, pero es lineal a cada frecuencia. La dependencia de frecuencia no causa distorsión de forma de onda. La no linealidad se debe a la amplitud de forma de onda.

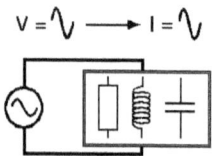
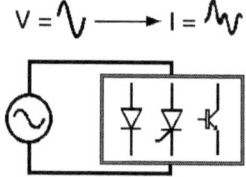

Las armónicas se clasifican por su:

- Orden

- Frecuencia

- Secuencia

Orden	Fundamental	2°	3°	4°	5°	6°	7°	8°	9°
Frecuencia	50	100	150	200	250	300	350	400	450
Secuencia	+	−	0	+	−	0	+	−	0

- El **orden** del armónico es el número entero de veces que la **frecuencia** de ese armónico es mayor que la de la componente fundamental.

  Los armónicos **impares** son los que se encuentran en las instalaciones eléctricas, industriales y edificios comerciales. Los armónicos de orden **par** sólo existen cuando hay asimetría en la señal debida a la componente continua.

- La **secuencia** puede ser positiva, negativa o neutra.

  Si se utiliza como ejemplo un motor asincrónico trifásico de cuatro conductores:

  + Los armónicos de **secuencia positiva** o **directa** tienden a hacer girar el motor en el mismo sentido que la componente fundamental. Como consecuencia provocan una sobrecorriente en el motor que hace que se caliente y por lo tanto reduce su vida útil de funcionamiento y puede poner en peligro el aislamiento de los devanados del motor con el consiguiente riesgo de avería. Provocan en general calentamientos en los cables, motores, transformadores, etc.

  + Los de **secuencia negativa** o **inversa** hacen girar al motor en sentido contrario al de la componente fundamental, y por lo tanto frenan el motor y por ello también provocan calentamientos.

  + Los de **secuencia cero** u **homopolar** no tienen efecto sobre el giro del motor, pero se suman en el conductor de neutro. Ello supone que por el neutro puede circular 3 veces más corriente del 3° armónico que por cualquier de los conductores de fase. Provocan calentamientos de los conductores, deterioro de la maquinaria y destrucción de las baterías de condensadores.

Espectro armónico

El espectro armónico permite descomponer una señal en sus armónicas y representarlo mediante un gráfico de barras, donde cada barra representa una armónica, con una frecuencia, un valor eficaz, magnitud y desfasaje.

Este espectro de una señal deformada llega hasta infinito, sin embargo se limita el número de armónicas que se analizan, ya que por encima del orden 40, raras veces se tienen armónicas de un valor significativo que pueda perturbar el funcionamiento de los equipos y elementos conectados a la instalación eléctrica.

Las siguientes figuras muestran dos formas de ondas y sus correspondientes espectros armónicos.

- La primera es prácticamente senoidal. En el espectro aparece sólo la fundamental, con la armónica de orden 5 de valor despreciable.

- La segunda figura es de una señal de corriente deformada, y su espectro muestra, además de la fundamental, los armónicos 3, 5, 7 y 9, con los de orden superior despreciables.

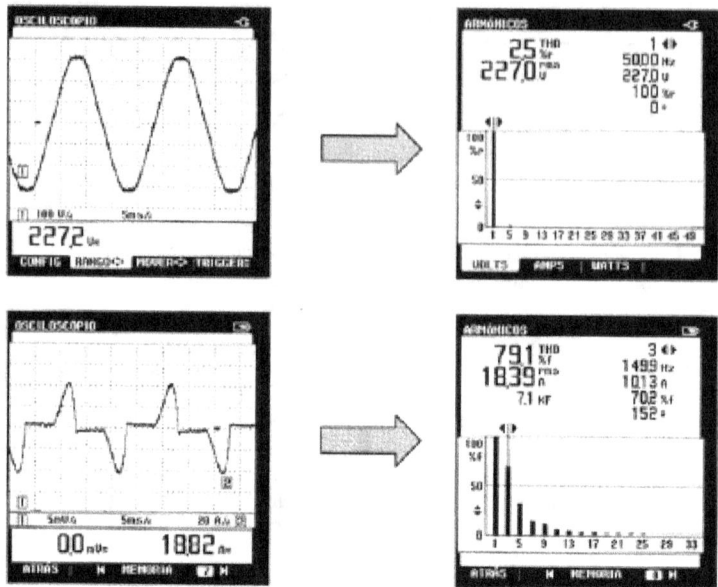

Distorsión Armónica

Se produce **distorsión armónica** cuando la onda senoidal que generan las centrales eléctricas es deformada en las redes de distribución a los usuarios.

Para determinar el grado de distorsión de una onda de tensión o de corriente periódica que no es sinusoidal pura se realiza su análisis de frecuencias, y se lleva a cabo normalmente mediante la transformada rápida de Fourier. Éste es un algoritmo de cálculo que suministra datos de las diferentes ondas sinusoidales puras que componen la onda deformada. Estos datos son:

- La componente fundamental de la onda (50 Hz de frecuencia).

- Las componentes de frecuencias armónicas (múltiplos de 50 Hz) de tensión o de corriente.

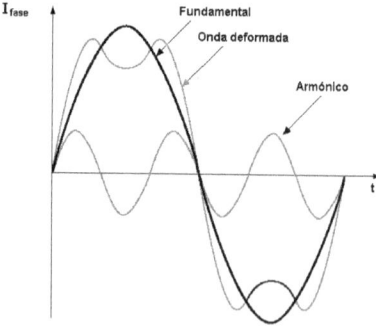

En la figura se representa una onda de tensión de 50 Hz deformada que contiene únicamente:

- Componente fundamental

- Armónico de orden 3

Interarmónicas

Además, en las redes aparecen otras componentes senoidales de la onda de tensión que se denominan **interarmónicas**, cuyas frecuencias no son múltiplos enteros de la fundamental, sino entre los armónicos. Estas interarmónicas se presentan a determinadas frecuencias o como espectro de banda ancha. El espectro puede ser **discreto** o **continuo**, y **variable al azar** (como en los hornos de arco) o **intermitente** (como en las máquinas de soldar).

Las interarmónicas son causadas por aparatos que funcionan con frecuencias distintas a la fundamental de la red (50 Hz), o por efectos de las modulaciones de onda.

Estas perturbaciones afectan a los sistemas de comunicación por onda portadora, y pueden también provocar flicker en las pantallas de tubos catódicos.

En general, las interarmónicas son de poca importancia, por lo que no se las tiene en cuenta como distorsión armónica de relevancia.

Producción de distorsión armónica

Cuando se excita un **elemento no lineal**, la señal de tensión, la de corriente o ambas magnitudes, pueden estar distorsionadas, pero las dos no pueden simultáneamente ser sinusoidales. En estos circuitos la tensión y la corriente pueden no tener la misma forma de onda.

La siguiente figura muestra una fuente ideal de tensión sinusoidal, por lo que no hay distorsión en el Nodo 1. Ésta suministra potencia a una carga no lineal en el Nodo 2 a través de una transmisión representada por la impedancia **Z**. La distorsión de corriente resultante circula a través de **Z** haciendo que la tensión en el Nodo 2 sea distorsionada.

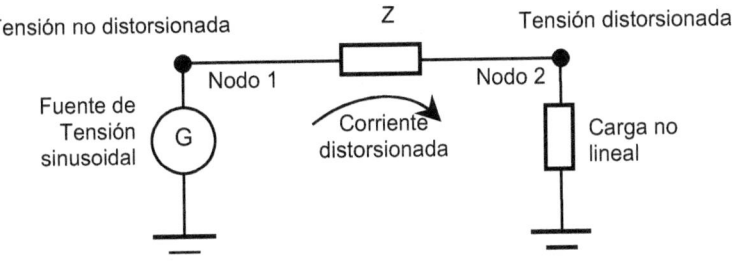

A partir del esquema anterior se puede realizar una consideración muy importante, y es que la distorsión de tensión sólo depende del valor de **Z**. Es decir, si Z = 0, no hay distorsión de tensión en el Nodo 2, aunque la distorsión de corriente aún esté presente.

Entonces, los efectos de las cargas productoras de armónicas dependen en gran manera de las características del sistema. El hecho que una carga tenga una forma de onda de corriente distorsionada no es indicación definitiva de que habrá un impacto adverso tanto en el sistema de potencia como en otro consumidor de potencia.

Los sistemas de potencia son capaces de absorber considerables cantidades de corrientes armónicas sin que se hagan presentes problemas apreciables. Cuando consideramos los efectos de una carga productora de armónicas en otras cargas, la **distorsión de tensión** es la premisa básica. Si la impedancia de la fuente es baja, la distorsión de la tensión será baja y los demás consumidores no se verán afectados.

Las **tasas individuales** de las diferentes armónicas de tensión que componen una onda deformada se pueden expresar porcentualmente respecto de la componente fundamental, de acuerdo con la siguiente relación:

$$u_n \left(\% \right) = \frac{U_n}{U_1} \cdot 100$$

Donde:

U_n es la amplitud de la tensión de la componente armónica de orden **n**

U_1 es la amplitud de la tensión de la componente **fundamental**

Tasas de referencia

Se han establecido tasas máximas porcentuales que no deben ser superadas:

- Normas internacionales establecen **tasas individuales** para cada armónico cuya probabilidad de no ser sobrepasadas debe ser del 95% como mínimo.

- También se ha establecido la **tasa de distorsión total** que tiene en cuenta simultáneamente todas las armónicas de tensión existentes. La probabilidad de que no sea sobrepasada en el tiempo debe de ser también del 95% como mínimo.

También se pueden calcular las siguientes **tasas de distorsión armónica** (en inglés se las denomina: THD - Total Harmonic Distorsion):

- TD_{Total}: Distorsión total armónica con respecto a la señal total (THD$_r$)

- TD_{Fund}: Distorsión total armónica con respecto a la componente fundamental (THD$_f$)

$$TD_{Funf} \left(\% \right) = \frac{\sqrt{h_2^2 + h_3^2 + ... + h_n^2}}{h_1} \cdot 100$$

$$\mathrm{TD}_{\mathrm{Total}}\,(\%) = \frac{\sqrt{h_2^2 + h_3^2 + \ldots + h_n^2}}{\sqrt{h_1^2 + h_2^2 + h_3^2 + \ldots + h_n^2}} \cdot 100$$

Se define una **Tasa de Distorsión** para la **corriente** (TDI) y una para la **tensión** (TDT).

- El **TDI** es generado por la carga.

- El **TDT** es generado por la fuente como consecuencia de una corriente muy distorsionada.

Valores de referencia del ENRE – Ente Nacional Regulador de la Electricidad

La **tasa de distorsión total** se expresa (sumatoria de los valores eficaces de las armónicas) en forma de porcentaje respecto de la componente fundamental, según la siguiente fórmula, en la cuál se tiene en cuenta hasta la armónica de orden 40 (igual que la establecida por la IEC):

$$\mathrm{TDT}(\%) = \sqrt{\sum_{i=2}^{40}\left(\frac{U_i}{U_1}\right)^2} \cdot 100 = \frac{\sqrt{\sum_{i=2}^{40} U_i^2}}{U_1} \cdot 100 \qquad \textbf{Tensión}$$

$$\mathrm{TDI}(\%) = \sqrt{\sum_{i=2}^{40}\left(\frac{I_i}{I_1}\right)^2} \cdot 100 = \frac{\sqrt{\sum_{i=2}^{40} I_i^2}}{I_1} \cdot 100 \qquad \textbf{Corriente}$$

Estas tasas establecen el nivel de compatibilidad electromagnética para distorsión armónica. Existen valores de referencia de los niveles de CEM para las redes de AT, MT y BT, determinados para lograr una coordinación entre equipos perturbadores y equipos susceptibles, que se supone cubre el 95% de los casos posibles, desde el punto de vista del tiempo y del espacio.

Para asegurar que los niveles de CEM fijados para las redes no sean superados por los usuarios que tienen cargas perturbadoras, las empresas eléctricas deben establecer límites para las tasas de cada armónico que puede generarse y para la tasa de distorsión total. El conjunto de estas tasas constituye el límite de emisión para la distorsión armónica, cuyos valores deben estar normalmente por debajo del nivel de CEM del que se trata.

Las armónicas en un sistema eléctrico se transmiten desde el nivel de tensión en el que han sido generados, a todos los demás, tanto superiores como inferiores. Por ello, es que previo a admitir la conexión a la red de nuevos suministros a usuarios que poseen equipos perturbadores, las empresas eléctricas deben hacer una evaluación para determinar si la emisión a la red de la nueva perturbación esta dentro de los límites permitidos. De esta forma, se debe asegurar con un alto grado de probabilidad, no inferior al 95%, que los niveles de CEM fijados no serán superados y que los aparatos y demás elementos del sistema funcionarán de manera satisfactoria en su entorno electromagnético, soportando sin alteraciones en su funcionamiento la perturbación existente.

Niveles de referencia

Las normas internacionales fijan niveles de referencia para la distorsión armónica, que son los valores a los que pueden estar sometidos aparatos, dispositivos y demás elementos de un sistema eléctrico sin sufrir alteraciones en su funcionamiento. Estos son los niveles de CEM para AT, MT y BT.

Niveles de referencia para Tensiones Armónicas - ENRE

Los niveles de las Tensiones Armónicas presentes en los puntos de suministro (Tasa de Distorsión Individual y Total medidas en valor eficaz cada 10 minutos) no deben superar los Niveles de Referencia indicados en la siguiente tabla, durante más del 5% del período de medición, de acuerdo a la Resolución ENRE N° 184/2000:

Niveles de referencia para las Armónicas de tensión en BT (U ≤ 1 kV), que no deben ser superadas durante más del 5% del período de medición:

Armónicas impares no múltiplos de 3		Armónicas impares múltiplos de 3		Armónicas pares	
Orden	Tensión [%]	Orden	Tensión [%]	Orden	Tensión [%]
5	6,0	3	5,0	2	2,0
7	5,0	9	1,5	4	1,0
11	3,5	15	0,3	6	0,5
13	3,0	21	0,2	8	0,5
17	2,0	> 21	0,2	10	0,5
19	1,5			12	0,2
23	1,5			> 12	0,2
25	1,5				
> 25	0,2+0,5x25/n				

Tasa de Distorsión Total - TDT: 8%

Niveles de referencia para las Armónicas de tensión en MT (1 kV < U < 66 kV), que no deben ser superadas durante más del 5% del período de medición:

Armónicas impares no múltiplos de 3		Armónicas impares múltiplos de 3		Armónicas pares	
Orden	Tensión [%]	Orden	Tensión [%]	Orden	Tensión [%]
5	6,0	3	5,0	2	2,0
7	5,0	9	1,5	4	1,0
11	3,5	15	0,3	6	0,5
13	3,0	21	0,2	8	0,5
17	2,0	> 21	0,2	10	0,5
19	1,5			12	0,2
23	1,5			> 12	0,2
25	1,5				
> 25	0,2+0,2x25/n				

Tasa de Distorsión Total - TDT: 8%

Niveles de referencia para las Armónicas de tensión en AT (66 kV ≤ U ≤ 220 kV), que no deben ser superadas durante más del 5% del período de medición:

Armónicas impares no múltiplos de 3		Armónicas impares múltiplos de 3		Armónicas pares	
Orden	Tensión [%]	Orden	Tensión [%]	Orden	Tensión [%]
5	2,0	3	1,5	2	1,5
7	2,0	9	1,0	4	1,0
11	1,5	15	0,3	6	0,5
13	1,5	21	0,2	8	0,2
17	1,0	> 21	0,2	10	0,2
19	1,0			12	0,2
23	0,7			> 12	0,2
25	0,7				
> 25	0,1+2,5/n				

Tasa de Distorsión Total - TDT: 3%

Para redes de extra alta tensión (U > 220 kV) se considerarán como Niveles de Referencia para las Armónicas de tensión, valores mitad de los indicados para redes de AT.

senoidal   **no senoidal**

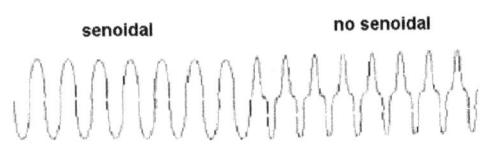

Armónicos (TDT < 5%)

Límites de emisión de corrientes armónicas en las redes públicas

Se aplican en los Puntos de Suministro de los usuarios individuales.

La norma IEEE 519 (1992) en USA establece límites a las máximas corrientes armónicas admisibles que se pueden inyectar en las redes.

Red	$I_{cc}/I_{máx}$	Rango de armónicas impares					D_T
		n < 11	11 ≤ n < 17	17 ≤ n < 23	23 ≤ n < 35	35 ≤ n	
Media y	< 20	4,0	2,0	1,5	0,6	0,3	5,0
Baja	20 < 50	7,0	3,5	2,5	1,0	0,5	8,0
Tensión	50 < 100	10,0	4,5	4,0	1,5	0,7	12,0
U_N ≤ 33	100 < 1000	12,0	5,5	5,0	2,0	1,0	15,0
kV	> 1000	15,0	7,0	6,0	2,5	1,4	20,0
Las armónicas pares se limitan al 25% de los límites de las armónicas impares							

Red	$I_{cc}/I_{máx}$	Rango de armónicas impares					D_T
		n < 11	$11 \leq n < 17$	$17 \leq n < 23$	$23 \leq n < 35$	$35 \leq n$	
Alta	< 20	2,0	1,0	0,75	0,3	0,15	2,5
Tensión	20 < 50	3,5	1,75	1,25	0,5	0,25	4,0
33 kV <	50 < 100	5,0	2,25	2,0	0,75	0,35	6,0
U_N $U_N \leq$	100 < 1000	6,0	2,75	2,5	1,0	0,5	7,5
220 kV	> 1000	7,5	3,5	3,0	1,25	0,7	10,0
Las armónicas pares se limitan al 25% de los límites de las armónicas impares							

Red	$I_{cc}/I_{máx}$	Rango de armónicas impares					D_T
		n < 11	$11 \leq n < 17$	$17 \leq n < 23$	$23 \leq n < 35$	$35 \leq n$	
Extra Alta	< 50	2,0	1,0	0,75	0,3	0,15	2,5
Tensión							
$U_N > 220$	≥ 50	3,0	1,5	1,15	0,45	0,22	3,75
kV							
Las armónicas pares se limitan al 25% de los límites de las armónicas impares							

Los valores están expresados en porcentaje y con respecto a $I_{máx}$.

$I_{máx}$: corriente de máxima demanda contratada.

I_{cc}: corriente de cortocircuito en el Punto de Suministro.

Origen de las Armónicas

En general, el equipamiento y los elementos que componen los sistemas de distribución de energía eléctrica son lineales, o sea, su característica de tensión/corriente es constante. Pero también hay otros tipos de cargas con características no lineales, que absorben corrientes que no son sinusoidales puras, deformando la onda. Estos equipos, que están presentes en todas las instalaciones industriales, comerciales y residenciales, emiten armónicas a la red eléctrica en sus puntos de suministro.

Todos los equipos que contienen circuitos con **electrónica de potencia** son cargas no lineales típicas. Éstas son cada vez más frecuentes y su porcentaje en el consumo total de las instalaciones eléctricas aumenta constantemente.

Las corrientes armónicas son producidas por:

Equipos de uso industrial

- **Rectificadores**. Se los utiliza para convertir corriente alternada en corriente continua. El orden de las corrientes armónicas características que produce un rectificador se puede determinar con la siguiente expresión:

$$n = p \cdot m \pm 1$$

Donde:

n: es el orden de la armónica

p: es el número de pulsos del rectificador (6 ó 12)

m: es un número entero (1, 2, 3,...)

O sea, las corrientes armónicas características producidas por un rectificador de 6 pulsos serán de orden 5, 7, 11, 13, 17, 19, 23, 25,...; mientras que las generadas por un rectificador de 12 pulsos serán de orden 11, 13, 23, 25,...

- Hornos de inducción y hornos de arco.

- Variadores de velocidad para motores de continua y asincrónicos.

- Fuentes ininterrumpibles de energía, UPS.

- Equipos de oficina: computadoras, fotocopiadoras, faxes, etc.

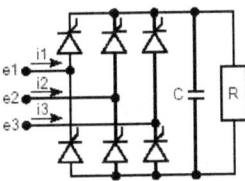 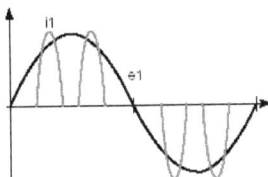

Rectificador trifásico
Variador de velocidad para motores asincrónicos

Aparatos de uso doméstico

Individualmente no tienen potencias grandes, pero en conjunto pueden ser una fuente de armónicas significativa, ya que numerosos aparatos suelen ser usados simultáneamente durante prolongados períodos de tiempo. Los más comunes son:

- Televisores, video caseteras, reproductores de DVD, equipos de audio.

- Hornos de microondas.

- Reguladores de luz o de temperatura.

- Lámparas fluorescentes y de descarga de vapor de sodio.

- Computadoras.

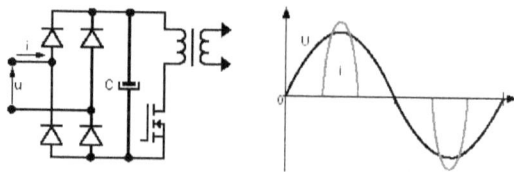

**Fuente de alimentación conmutada de
computadora o electrodoméstico**

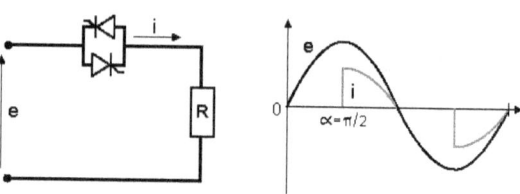

Regulador de luz o de temperatura

Los dispositivos electrónicos de control que regulan la corriente absorbida interrumpen el paso de ésta en ciertos momentos, produciendo componentes armónicas en el sistema de alimentación.

Los aparatos que poseen núcleos magnéticos producen armónicas de tensión cuando funcionan en condiciones de saturación. Por ejemplo: los transformadores de potencia se saturan cuando las tensiones que se aplican son superiores a la nominal, y entonces producen armónicas de tensión de orden impar en su mayoría.

Es importante tener en cuenta que las armónicas de tensión de una red pueden ser amplificadas si se producen resonancias, incluso en puntos alejados de la carga perturbadora que las provoca.

Cuando se conectan capacitores en paralelo para la corrección del factor de potencia en un determinado lugar de la red, pueden aparecer resonancias que generan sobretensiones a una determinada frecuencia de resonancia:

$$f_{resonancia} = 50 \cdot \sqrt{\frac{S_{cc}}{Q_c}}$$

Donde:

S_{cc}: potencia de cortocircuito de la red

Q_c: potencia reactiva nominal del banco de capacitores

Este fenómeno de resonancia paralelo a una frecuencia determinada provoca el aumento del valor de la impedancia inductiva del sistema. En la siguiente figura se puede observar los valores de impedancia en función de la frecuencia para un sistema con resonancia paralelo Z_2 y sin banco de capacitores Z_1.

La diferencia entre estos dos valores es el **factor de amplificación**.

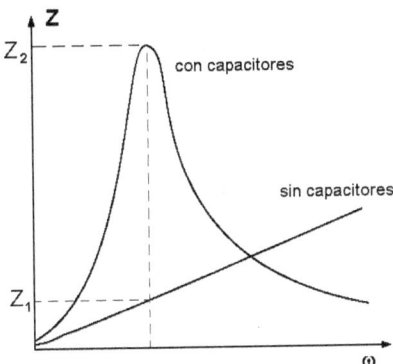

La presencia de un banco de capacitores en una instalación no genera armónicas, pero puede amplificar las armónicas existentes, agravando el problema.

Esta resonancia puede provocar una sobrecorriente muy perjudicial para el capacitor. La peor condición se da cuando la frecuencia de alguna corriente armónica coincide o esta próxima con la $f_{resonancia}$, entonces la corriente que circula por cada rama del banco puede llegar a ser tan grande que los capacitores se degraden rápidamente, o eventualmente exploten. Por ejemplo, si la relación $S_{cc}/Q_c = 49$, la resonancia se produciría para la séptima armónica (350 Hz).

También estas corrientes armónicas producen sobretensiones que se suman a la tensión total aplicada al capacitor y pueden dañar al dieléctrico del mismo.

Para evitar que la distorsión sobrecargue un capacitor, su corriente eficaz no debe sobrepasar un 115 % de su valor de plena carga.

Efectos que producen las armónicas

Los efectos que causan las tensiones armónicas en los equipos instalados en un determinado entorno electromagnético dependen del valor de las tasas de distorsión armónicas, es decir, del grado de deformación de la onda, y de la sensibilidad de dichos equipos a este tipo de perturbaciones. Cuanto mayor sea la potencia de cortocircuito en el Punto de Suministro, menor será la incidencia de la carga perturbadora conectada en él. Los elementos que son sensibles a los efectos de este tipo de perturbaciones, son:

- **Capacitores**. Se producen calentamientos, o sea pérdidas activas adicionales, que pueden causar deterioros importantes.

- **Fusibles**. También se calientan, pudiendo llegar a fundirse con corriente nominal.

- **Cables**. Las corrientes armónicas de alta frecuencia provocan fallas en el aislante, gradientes de tensión elevados y efecto corona.

- **Balastos inductivos** de las lámparas fluorescentes y de descarga. En el sistema de alumbrado, el circuito resonante que se forma por la inductancia de los balastos y por la capacidad instalada para corregir el factor de potencia, amplifica las armónicas produciendo aumentos de calor, lo que puede conducir a fallas prematuras en estos elementos.

- **Relés de protección**. En algunos casos pueden operar de manera inoportuna, sin que exista falla, provocados por el valor de cresta de la onda resultante o de su desfase respecto del paso por cero.

- **Equipos diseñados para usar la onda de tensión de la forma más pura posible**. Se utilizan en sistemas de comunicaciones, manejo de datos, control de procesos electrónicos, etc. Sus fuentes de alimentación están diseñadas para no generar armónicas hasta un determinado nivel, pero si éste es superado, se pueden producir pérdidas de datos o aparición de datos erróneos en las computadoras, operaciones fuera de secuencia en máquinas herramienta o robots controlados por computadora, etc.

- **Equipos de medida de inducción**. Suelen estar calibrados para una onda senoidal pura, por lo que la presencia de armónicas en la red les provoca errores de lectura.

- **Sistemas de transmisión de señales por la red**. Son afectados cuando existen componentes armónicas de frecuencia parecida a la de la corriente portadora.

- **Redes eléctricas**. Las armónicas producen pérdidas de potencia y calentamientos adicionales, especialmente en los conductores de neutros de baja tensión, en transformadores y en motores, degradando los aislamientos y acortando su vida útil.

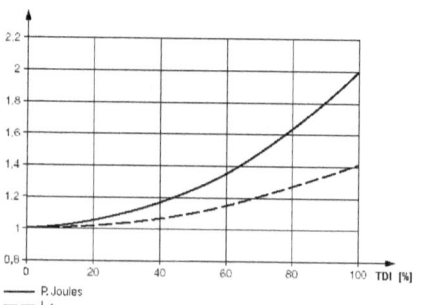

Evolución de la corriente eficaz y de las pérdidas Joule
en función del valor de la TDI

El valor eficaz de la corriente con componentes armónicas es mayor que el valor eficaz de la fundamental, según la siguiente expresión:

$$I_{ef} = I_1 \cdot \sqrt{1 + TDI^2}$$

Medidas preventivas y correctivas

En los últimos años, a nivel internacional se han confeccionado normas para evitar el aumento de la distorsión armónica en las redes eléctricas. Estas establecen límites a las tensiones armónicas que se generan como consecuencia de la utilización de equipos y aparatos perturbadores. Los requerimientos son:

- Que respeten los límites de emisión individual de perturbación.

- Que funcionen satisfactoriamente, tolerando el nivel de perturbación para el cuál hay una elevada probabilidad de que exista CEM entre los aparatos, y entre estos y la red eléctrica.

Las empresas eléctricas deben controlar que, en condiciones normales de explotación, los contenidos o tasas de los armónicos no superen los niveles de CEM establecidos. Para ello, deberían elaborar recomendaciones que sirvan de guías técnicas para la conexión de cargas perturbadoras, estableciendo cupos de perturbación permitidas en función de las potencias demandadas y disponibles, teniendo en cuenta los efectos de simultaneidad en la utilización de las cargas perturbadoras, y analizando el posible efecto de supresión o anulación de armónicos desfasados entre sí.

Para nuevas instalaciones industriales con cargas generadoras de distorsión armónica se debe evaluar el Punto de Suministro más conveniente, teniendo en cuenta la emisión de perturbaciones que se produciría con su conexión, a fin de calcular si se supera o no los límites máximos. En el caso de que se superen, la Distribuidora debería exigirle al solicitante que adopte medidas correctoras en su instalación. Por ejemplo:

- Los filtros de armónicas son los más eficaces.

- La correcta configuración de los equipos de rectificación, o sea, el número de pulsos, el tipo de control (por diodos o tiristores), los transformadores de alimentación al puente rectificador, etc., de manera que la deformación de la onda de corriente absorbida no sea importante.

- Alimentar la carga perturbadora con un transformador de uso exclusivo. Esto debería hacerse en las instalaciones de alumbrado público con lámparas de descarga.

- Usar transformadores con arrollamiento con conexión triángulo formando parte de la red eléctrica, porque limitan la generación de tensiones armónicas homopolares.

Conclusiones

Los tres efectos más importantes de las corrientes armónicas son:

- Intensidad de la corriente eficaz más elevada

- Intensidad de cresta más elevada

- Frecuencias más elevadas.

12

Armónicas en los cables

Corrientes en los Cables

Por razones de economía en el costo de las redes de energía eléctrica, la generación, el transporte, la distribución y la alimentación de cargas eléctricas de potencia se efectúan con corriente alternada trifásica.

El sistema trifásico con cuatro conductores es el sistema de corriente polifásica más utilizada en las redes de distribución de baja tensión en todo el mundo.

Cuando el sistema está equilibrado, la suma vectorial de las tres corrientes (con un desfasaje mutuo de 120°) en el neutro es siempre nula. Es decir, la corriente que va por un conductor se distribuye entre los otros dos para regresar a la fuente de alimentación.

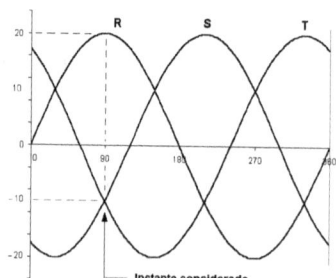
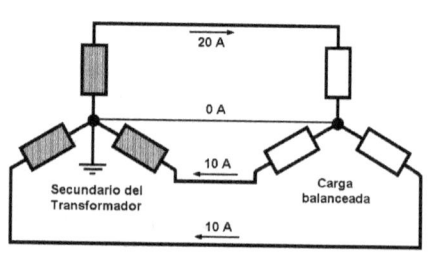

Sea una fuente trifásica equilibrada y tres cargas monofásicas iguales, conectadas entre cada una de las fases y neutro. En este caso, por los cables circularán tres corrientes monofásicas puras iguales desfasadas 120°:

$$I_R = I_{máx}.sen\ \omega t \qquad I_S = I_{máx}.sen\ (\omega t + 120°) \qquad I_T = I_{máx}.sen\ (\omega t + 240°)$$

De acuerdo con la trigonometría:

$$sen\ (a + b) = sen\ a\ .\ cos\ b + sen\ b\ .\ cos\ a$$

$$sen\ 120° = sen\ 60° = \sqrt{3}/2; \qquad cos\ 120° = -\ cos\ 60° = \frac{1}{2}$$

$$\text{sen } 240° = - \text{ sen } 60° = -\sqrt{3}/2; \qquad \cos 120° = - \cos 60° = \frac{1}{2}$$

Luego:

$$I_S = I_{máx}.(\text{sen } \omega t . \cos 120° + \cos \omega t . \text{ sen } 120°) =$$

$$I_S = I_{máx}.(\text{sen } \omega t . (-\cos 60°) + \cos \omega t . \text{ sen } 60°) =$$

$$I_S = I_{máx}.(-\text{sen } \omega t . \cos 60° + \cos \omega t . \text{ sen } 60°)$$

Análogamente:

$$I_T = I_{máx}.(\text{sen } \omega t . \cos 240° + \cos \omega t . \text{ sen } 240°) =$$

$$I_T = I_{máx}.(\text{sen } \omega t . (-\cos 60°) + \cos \omega t . (-\text{sen } 60°)) =$$

$$I_T = I_{máx}.(-\text{sen } \omega t . \cos 60° - \cos \omega t . \text{ sen } 60°)$$

Sumando para obtener la corriente total:

$$I_{total} = I_R + I_S + I_T = I_S = I_{máx}.(\text{sen } \omega t -\text{sen } \omega t . \cos 60° + \cos \omega t . \text{ sen } 60° -\text{sen } \omega t . \cos 60°$$
$$- \cos \omega t . \text{ sen } 60°) = I_{máx}.[\text{sen } \omega t - (1/2) . \text{ sen } \omega t - (1/2) . \text{ sen } \omega t] = 0$$

$$\boxed{I_{total} = 0}$$

Con lo que se demuestra matemáticamente que si las corrientes por las tres fases tienen el mismo $I_{máx}$, su suma es siempre igual a cero, cualquiera sea el valor de ωt.

Armónicas en el Neutro

Cuando en las redes de distribución hay conectadas cargas no lineales aparecen armónicos, por ejemplo de orden 3 (150 Hz) generados por las tres corrientes de fase, los que en lugar de anularse en el neutro se suman aritméticamente por estar en fase (son corrientes homopolares por circular en fase por las tres fases), y su magnitud puede ser muy superior a la corriente de fase, produciendo calentamientos no previstos que pueden afectar la aislación.

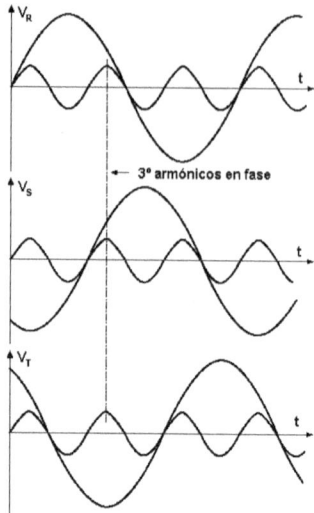

Las tres corrientes de fase están desfasadas entre sí 1/3 del período, y las terceras armónicas tienen frecuencia triple de las fundamentales, por este motivo las terceras armónicas están en fase entre sí.

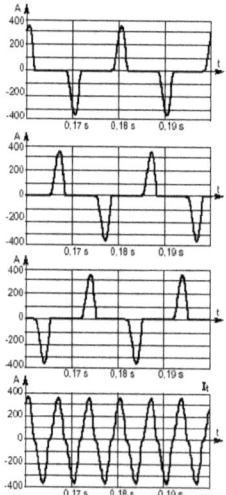

En general, con cargas equilibradas las corrientes armónicas de orden tres (3°, 9°, 15°, etc.) están en fase y se suman en el neutro, mientras que las componentes fundamentales y las armónicas de orden no múltiplo de tres se cancelan. Como la armónica de orden 3° tiene una amplitud mucha mayor que el resto de las componentes múltiplos de tres, la corriente por el neutro es casi sinusoidal pura.

Estas corrientes armónicas producirán la deformación de la onda de tensión en la instalación eléctrica, perturbación que puede provocar daños a los equipos electrónicos conectados.

En los cables tetrapolares de baja tensión, para secciones medianas y grandes, los conductores de fase tienen secciones que son aproximadamente el doble que la sección en el neutro, por ejemplo: 3x25+16; 3x35+16; 3x50+25; 3x70+25; 3x95+50; 3x120+70; 3x150+70; 3x185+95; 3x240+120; 3x300+150 mm². Por este motivo es muy importante analizar los tipos de cargas que se van a conectar, porque generalmente las corrientes armónicas no se las tiene en cuenta en la fase de proyecto, sin embargo, producen calor y el conductor neutro, que puede conducir corrientes mayores que las de fase con una sección menor, se puede sobrecalentarse peligrosamente.

En el ejemplo de la siguiente figura, el valor eficaz de las corrientes de neutro debidas a estas armónicas puede ser de √3 veces las corrientes de fase. Si el conductor neutro tiene la misma sección que los conductores de fase, el calentamiento en el neutro puede ser muy superior al de cada conductor de fase.

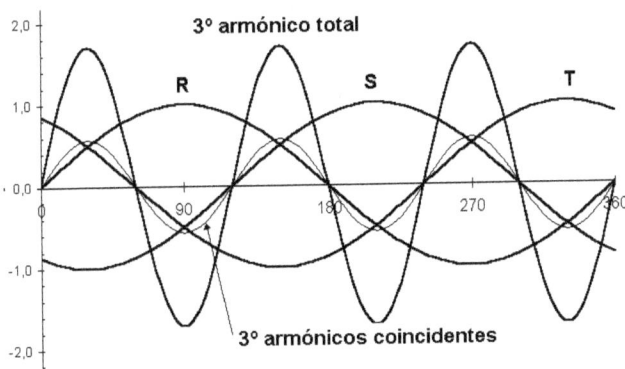

Las corrientes armónicas aumentan las pérdidas de las instalaciones por **efecto piel** y por **efecto proximidad** en los conductores, incrementando su resistencia proporcionalmente al cuadrado de la frecuencia, las que para las armónicas pueden ser altas.

Efecto piel y de proximidad

Al circular por un conductor una corriente alternada produce un flujo magnético alterno que al cortar los alambres induce en ellos una fuerza electromotriz opuesta a la diferencia de potencial aplicada entre los extremos del conductor. Los alambres de la parte central son atravesados por más líneas de fuerza que los superficiales y por lo tanto la fuerza contra-electromotriz inducida en los alambres centrales será mayor. Como la diferencia de potencial entre los extremos de todos los alambres tienen que ser iguales (están conectados en paralelo), las corrientes en los alambres centrales, en los que la fuerza contra-electromotriz es mayor, tendrán que ser menores que las corrientes de los alambres superficiales.

Efecto pelicular (skin, superficial, Kelvin): La densidad de corriente alterna es mayor en la superficie del conductor que en el centro, lo que equivale a un aumento de la resistencia efectiva.

Efecto proximidad: Es la irregular distribución de la corriente alterna a causa de los campos magnéticos provocados por otros conductores situados en su proximidad, lo que también se traduce en un aumento de la resistencia efectiva.

Estos fenómenos, que producen una modificación de la distribución de la corriente eléctrica en el seno del conductor a la frecuencia fundamental, se potencian para las componentes armónicas por tener frecuencias mayores que la fundamental.

La **resistencia en corriente alternada**, por unidad de longitud, se puede determinar a partir de la resistencia del conductor en corriente continua a la temperatura de servicio considerada (R_{cc}):

$$R_{ca} = R_{cc} \cdot \left(1 + Y_s + Y_p\right)$$

Y_s: es el incremento debido al efecto pelicular.

Y_p: es el incremento debido al efecto proximidad.

Los valores se pueden calcular con las siguientes expresiones:

Efecto pelicular:

$$Y_s = 3{,}28 \cdot \frac{f^2 \cdot s^2}{\rho_\theta^2 \cdot 10^8}$$

f: es la frecuencia de la corriente, en Hz.

s: sección efectiva del conductor, en mm².

ρ_θ: es la resistividad del conductor a la temperatura.

Efecto proximidad:

$$Y_p = Y_s \cdot 2,9 \cdot a^2$$

a: es la relación existente entre el diámetro del conductor y la distancia entre los ejes de los conductores próximos.

Como el incremento de la resistencia que tiene un conductor al paso de la corriente alternada y, por lo tanto, su calentamiento, es proporcional al cuadrado de la frecuencia de dicha corriente, la componente armónica de la corriente de orden 3 aumenta la resistencia nueve veces más que la corriente fundamental, la armónica de orden 5 veinticinco veces, etc.

En la siguiente figura se puede observar esquemáticamente la distribución de las corrientes en un conductor con el aumento de la frecuencia (Efecto Pelicular):

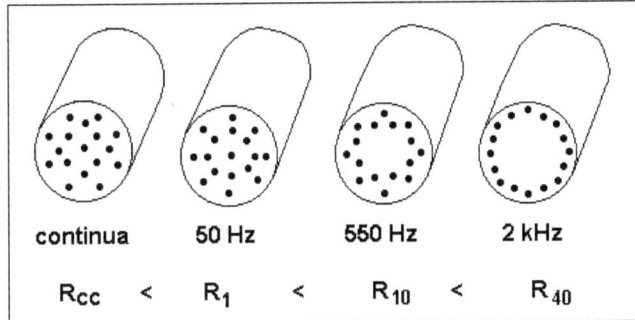

Si se quisiera determinar exactamente el valor de la resistencia del conductor, habría que plantear las condiciones de contorno a las ecuaciones de Maxwell y resolver un desarrollo en serie por los polinomios de Bessel.

Para muchas aplicaciones prácticas es suficiente con la siguiente aproximación:

$$R_n = R_{cc} \cdot \sqrt{\frac{n}{2}}$$

n: número de armónica

R_{cc}: resistencia a la corriente continua

En el siguiente cuadro se puede observar el aumento de la relación de la resistencia en corriente alterna y corriente continua para un conductor cilíndrico y homogéneo:

Frecuencia [Hz]	Orden de la Armónica	R_{ca}/R_{cc}
50	1	1,01
250	5	1,20
350	7	1,31
550	11	1,59

Efectos que produce

La presencia de armónicos puede producir:

- Actuaciones accidentales de las protecciones por sobrecalentamientos de los termomagnéticos y por el incremento de su resistencia.

- Desperfecto de los condensadores producido por las resonancias.

- Interferencias, vibraciones, ruidos, etc.

- Calentamiento excesivo de motores, transformadores, etc.

Es importante tener presente el riesgo del calentamiento excesivo de los conductores en lugares de la instalación, donde no estaba prevista la disipación del calor generado en los neutros de los cables, por influencia de las componentes armónicas.

A continuación se muestran, a titulo de ejemplo, dos casos en los que se pueden observar la importancia que tienen las cargas distorsionantes en el neutro:

Sistema desequilibrado con cargas lineales

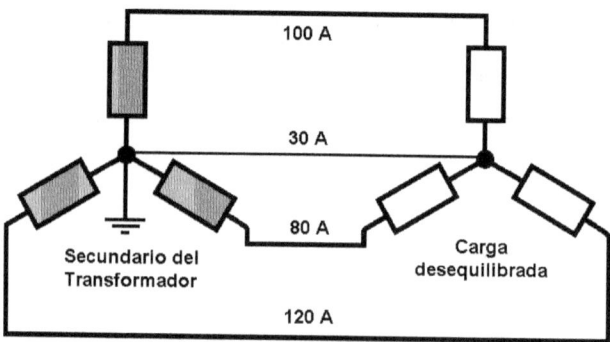

Sistema equilibrado con cargas no lineales

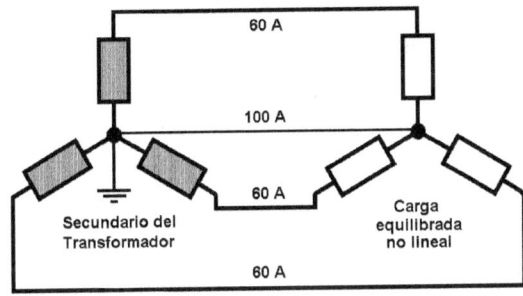

Calentamiento y Protección

Cuando se proyecta una instalación se debe hacer lo siguiente:

- La elección de la sección del conductor de neutro siempre debe realizarse para la condición más desfavorable de presencia de componentes armónicas, producidas por las cargas distorsionantes, y posibles desequilibrios en el sistema trifásico.

- Se debe tratar de mantener el equilibrio de las cargas monofásicas conectadas a la red trifásica.

- Es conveniente elegir la sección inmediata superior a la sección, que en los cálculos con la componente fundamental pura, verifica por corriente admisible, caída de tensión y cortocircuito; y adoptar la sección del neutro por lo menos igual a la de fase.

  - ✦ Utilizar un neutro de sección reducida únicamente cuando se esta seguro que las cargas que se van a conectar tienen características lineales, y ninguna derivación monofásica de la red trifásica superará el 10% de la potencia de la red, para evitar calentamientos excesivos en el neutro por sobrecorrientes.

  - ✦ Los interruptores automáticos de protección de líneas trifásicas deben incluir el conductor neutro, o sea deben ser tetrapolares. Y los de los circuitos monofásicos deben ser bipolares.

  - ✦ Los relés de protección de los interruptores tetrapolares deben tener una protección adecuada en el neutro, que se dispare cuando por el neutro circule una corriente mayor a la establecida, cualquiera sea el valor de las corrientes de las fases.

Actualmente, en instalaciones se pueden encontrar diferentes circuitos monofásicos de iluminación o de tomacorrientes con neutros comunes, lo que provoca elevados calentamientos en el neutro o retornos indeseados por circuitos sin tensión que estén fuera de servicio.

También es posible encontrar instalaciones en funcionamiento que pueden haber sufrido modificaciones o ampliaciones con el tiempo, habiéndoles conectado nuevas cargas monofásicas o reemplazando las existentes por otras modernas de mayor o diferente consumo, sin respetar el equilibrio entre fases. Esto puede modificar la relación que debe existir entre la máxima corriente que demandan esas cargas modernas generadoras de componentes armónicas, con las corrientes admisibles de los cables y con los dispositivos de protección de los mismos.

Sección de los conductores

Como ya se ha mencionado, uno de los efectos más importantes de las corrientes armónicas es el incremento del valor de la corriente que puede circular en una instalación trifásica.

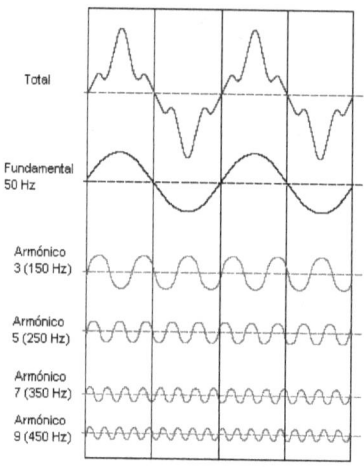

La figura es el resultado de mediciones efectuadas en una instalación real e indica la importancia que puede tener la influencia de los armónicos en una línea de alimentación:

	Intensidad	
Fundamental:	225 A	
3° armónico:	183 A	81,3%
5° armónico:	152 A	67,6%
7° armónico:	118 A	52,4%

De esta medición resulta que:

- La corriente que circula por cada uno de los conductores de fase (calculada a partir de la raíz cuadrada de la suma de los cuadrados de la corriente de cada armónico) es igual a **348 A**, esto es **1,55** veces la intensidad fundamental. $I_f = (225^2 + 183^2 + 152^2 + 118^2)^{1/2} = 348$ A

- La corriente que circula por el neutro, igual a la suma de las intensidades de los armónicos de tercer orden múltiplos de tres que circulan por cada fase, vale **549 A**, es decir **2,44** veces la intensidad de la fundamental. $I_n = 3 \times 183 = 549$ A

- La sección correspondiente para una corriente de fase equilibrada de 225 A sin armónicos, sería por ejemplo un cable tetrapolar de 3x70+35 mm², con los conductores aislados con polietileno reticulado (tipo Retenax 1000 - Pirelli) en instalación enterrada, con una corriente admisible de 260 A. Pero debido a la presencia de corrientes armónicas se debe elegir cables unipolares de secciones mayores:

✦ 120 mm^2 para los conductores de fase (I_n = 390 A)

✦ 240 mm^2 para el conductor de neutro (I_n = 580 A)

- En consecuencia, cuando un circuito alimenta muchos aparatos capaces de generar corrientes armónicas, que en la actualidad es lo más normal por la presencia masiva de cargas no lineales, como la vista en el caso precedente, la sección de los conductores de fase, calculada a partir de la intensidad de servicio de estas cargas, debería aumentarse un 50% y la del neutro un 300%.

- Por esta razón los Reglamentos que permiten la adopción de un conductor neutro de sección mitad que la de los conductores de fase, sólo puede aplicarse si las cargas alimentadas no generan ninguna armónica, o los valores de las armónicas son sensiblemente reducidas, por debajo del 10% de tasa de distorsión armónica.

Reglamento para la Ejecución de Instalaciones Eléctricas en Inmuebles

Se debe tener presente lo establecido en el "Reglamento para la Ejecución de Instalaciones Eléctricas en Inmuebles – Edición 2002" de la Asociación Electrotécnica Argentina, que son condiciones mínimas, a partir de las cuales habrá que incrementar las secciones en función de las cargas deformantes que esté previsto alimentar con estos circuitos. En él se establece lo siguiente:

771.16.2.4: Factores de corrección por contenido armónico en las corrientes

- Cuando se prevea el uso de aparatos utilizadores, monofásicos o trifásicos, que generen distorsión armónica en la forma de onda de la corriente, tales como bancos de iluminación fluorescente, balastos electromagnéticos o electrónicos, fuentes de tensión continua conmutadas, etc., el conductor neutro de un sistema trifásico podría ser sobrecargado.

- En estos casos, tanto los conductores de línea como el neutro se deberán dimensionar según el contenido de la tercera armónica presente en los conductores de línea. Así, para porcentajes de hasta 33% de tercera armónica en la corriente de línea, el cálculo de la sección de los conductores deberá realizarse en función de los de línea, corrigiendo la sección del neutro. En cambio, para porcentajes mayores del 33% de tercera armónica en la corriente de línea, el cálculo de la sección de los conductores deberá realizarse en función de las corrientes en el neutro corrigiendo la sección de los de línea, todo de acuerdo a los coeficientes de la **Tabla 771.16.XI**

Factor de reducción de la intensidad de corriente admisible en los conductores de línea y neutro

Contenido de 3° armónica en la corriente de línea (%)	Factor de reducción	
	Selección basada en la corriente de línea	Selección basada en la corriente de neutro
(%) ≤ 15	1,00	-
15 < (%) ≤ 33	0,86	-
33 < (%) ≤ 45	-	0,86
(%) > 45	-	1,00

Nota:

- Los valores de reducción de la Tabla anterior son aplicables a **sistemas trifásicos equilibrados** y a cables con cuatro o cinco conductores donde el conductor neutro sea del mismo material y de la misma sección que los conductores de fase. Estos valores de reducción de las intensidades admisibles fueron calculados sobre la base de las corrientes de 3ª armónica; no obstante, si fueran esperadas distorsiones mayores al 10% por corrientes armónicas superiores (9° y otras), son aplicables también las reducciones consideradas.

- Para **sistemas desequilibrados**, cuando exista un desequilibrio de fases de más del 50% entonces las reducciones también son aplicables. Cuando sea esperable que la corriente de neutro supere la corriente de fase, entonces la sección del cable debe ser seleccionada sobre la base de la corriente de neutro. Cuando se elija un cable basado en la corriente de neutro y esta corriente no sea significativamente mayor que la de fase será necesario reducir las intensidades de corriente admisibles para los tres conductores cargados. Si por el contrario se espera que la corriente de neutro supere en más de 135% la corriente de fase y el cable fue seleccionado de acuerdo con la corriente de neutro, entonces no es necesario aplicar reducción alguna a las intensidades de corriente admisibles por las fases ya que éstas estarán más frías y contribuirán a la disipación del calor.

- Se destaca que, después del cálculo realizado, las secciones de los conductores de línea y neutro siempre deben ser iguales.

Los valores de los contenidos armónicos se obtendrán de los declarados por los fabricantes de los equipos a alimentar.

13

Factor de Potencia con Cargas no lineales

Factor de Potencia

El FP es un indicador de la eficiencia con que se está utilizando la energía eléctrica para producir un trabajo útil, es decir, es el porcentaje de la potencia entregada por la empresa eléctrica que se convierte en trabajo en el equipo conectado. En otras palabras, el FP se define como la relación entre la Potencia Activa P [kW] usada en un sistema y la Potencia Aparente S [kVA] que se obtiene de la Distribuidora. El rango de valores posibles del FP varía entre 0 y 1.

Un bajo FP significa pérdidas de energía, lo que afecta la eficiencia en la operación del sistema eléctrico. Se penaliza con un recargo adicional en la factura eléctrica a quienes tengan un FP inferior al establecido (0,85 para los consumidores y 0,95 para las Distribuidoras y las Transportistas).

Cuando se tiene un bajo FP, se aplican recargos en la facturación del cliente, por lo que debe mejorar el FP inductivo mediante la instalación de bancos de capacitores. Corregir el bajo FP en una instalación es muy positivo, no sólo porque se evitarán las multas en las facturas eléctricas, sino porque las instalaciones operarán más eficientemente, reduciendo los costos por consumo de energía.

El rápido desarrollo de componentes electrónicos y el aumento de su confiabilidad han permitido que se incorporen masivamente a todo el equipamiento eléctrico, con innumerables ventajas en su prestación, pero presentando una fuerte característica no lineal.

Las fuentes conmutadas para aparatos de televisión y equipos de computación, los balastos electrónicos sin filtros, los cargadores de baterías para centrales telefónicas o las fuentes ininterrumpibles (UPS) son sólo algunos de los ejemplos.

Como consecuencia, la corrección del factor de potencia no se limita solamente a la conexión de capacitores, sino que esto adquiere características más complejas.

El control que realizan las empresas de distribución, que antes se limitaba solamente a los grandes consumos (Tarifa 3), se ha extendido a los sectores comercial y residencial creando problemas de interpretación por parte de los usuarios. Estos, frente a la posible aplicación de penalizaciones en la facturación y faltos de información o mal asesorados, adoptan soluciones erróneas en la mayoría de los casos.

Origen del bajo factor de potencia en la demanda residencial

En primer lugar se debe mencionar a las heladeras y congeladoras. Estos equipos están provistos de motores de inducción monofásicos para accionamiento de los compresores. La característica nominal de funcionamiento de estos motores da lugar a un FP < 0,85. En la mayoría de los casos los fabricantes no efectúan su corrección. Los equipos de mayor costo incluyen resistencias de descongelamiento ubicadas en el evaporador o en la zona de contacto de los burletes. Al conectarse estos últimos se mejora el factor de potencia por aumento de la demanda activa. Los equipos conservadores de alimentos en el hogar participan con un tercio de la demanda total.

Otros equipos con similar característica pero con menor participación en la demanda energética hogareña son los lavarropas y secarropas.

La iluminación fluorescente con balasto electromagnético da lugar a una demanda con un factor de potencia próximo a 0,5 bastante por debajo del 0,85 no penalizable.

El equipamiento mencionado hasta aquí forma parte de un primer grupo que presenta una característica en común. En todos ellos es posible mejorar su factor de potencia mediante el agregado de capacitores.

Otra fuerte participación en la demanda residencial se debe al uso de equipos de TV y asociados. Estos, junto con la iluminación fluorescente con balasto electrónico, las computadoras personales y sus periféricos, la iluminación incandescente halógena provista de controladores de flujo luminoso y muchos otros elementos que forman parte del confort hogareño se pueden agrupar en un segundo grupo con características bien diferenciadas a los mencionados en primer término. En estos casos el bajo FP se debe fundamentalmente a la distorsión de la forma de onda de la corriente tal como se muestra en los registros de las siguientes figuras. En estos casos resulta contraproducente la corrección del factor de potencia mediante capacitores.

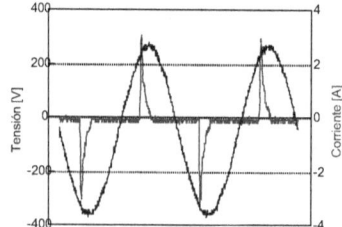

Tensión y corriente para una lámpara fluorescente compacta   Forma de onda de la corriente para un televisor

Condiciones Sinusoidales

La potencia eléctrica se define como el producto del voltaje y la corriente instantánea:

$$P(t) = v(t) \cdot i(t) \qquad\qquad (1)$$

En condiciones sinusoidales las ondas de tensión y corriente se pueden representar por una onda sinusoidal pura a una frecuencia única, por lo que sus valores instantáneos serán:

$$v(t) = \sqrt{2} \cdot V_{ef} \cdot \text{sen } \omega t$$
$$i(t) = \sqrt{2} \cdot I_{ef} \cdot \text{sen } (\omega t - \theta)$$

(2)

Entonces la potencia instantánea será:

$$P(t) = 2 \cdot V_{ef} \cdot I_{ef} \cdot \text{sen } \omega t \cdot \text{sen}(\omega t - \theta)$$

(3)

Desarrollando la expresión anterior se obtiene:

$$P(t) = 2 \cdot V_{ef} \cdot I_{ef} \cdot \cos \theta \cdot \text{sen}^2 \omega t - 2 \cdot V_{ef} \cdot I_{ef} \cdot \text{sen } \theta \cdot \text{sen } \omega t \cdot \cos \omega t$$

(4)

Reemplazando las siguientes identidades trigonométricas:

$$\text{sen}^2 \omega t = \frac{1 - \cos 2\omega t}{2} \qquad\qquad \text{sen } \omega t \cdot \cos \omega t = \frac{\text{sen } 2\omega t}{2}$$

$$P(t) = V_{ef} \cdot I_{ef} \cdot \cos \theta - V_{ef} \cdot I_{ef} \cdot \cos \theta \cdot \cos 2\omega t - V_{ef} \cdot I_{ef} \cdot \text{sen } \theta \cdot \text{sen } 2\omega t$$

(5)

El primer término se conoce como **Potencia Activa P**:

$$P = V_{ef} \cdot I_{ef} \cdot \cos \theta$$

(6)

El segundo término se la denomina **Potencia Real Rotatoria**. Ésta varía a una frecuencia doble de la fundamental y tiene un valor máximo igual a la Potencia Activa P.

Se observa que el valor promedio de este término en un período es cero.

$$V_{ef} \cdot I_{ef} \cdot \cos \theta \cdot \cos 2\omega t$$

El tercer término se la denomina **Potencia en Cuadratura** porque esta desfasada 90° de la Potencia Real Rotatoria. Esta también varía al doble de la frecuencia fundamental y su valor promedio es cero.

$$V_{ef} \cdot I_{ef} \cdot \text{sen } \theta \cdot \text{sen } 2\omega t$$

El valor máximo de esta potencia se define como **Potencia Reactiva Q**:

$$Q = V_{ef} \cdot I_{ef} \cdot \text{sen } \theta$$

(7)

Con estos criterios la ecuación (5) se puede escribirse:

$$P(t) = P - P \cdot \cos 2\omega t - Q \cdot \operatorname{sen} 2\omega t \qquad (8)$$

De esta ecuación se puede ver que la Potencia Real Rotatoria y la Potencia en Cuadratura se pueden representar por fasores desfasados 90° y que giran a una frecuencia de 2ω.

Usando la siguiente identidad trigonométrica, la ecuación (8) se transforma en (8a):

$$A \cdot \cos \alpha + B \cdot \operatorname{sen} \alpha = \sqrt{A^2 + B^2} \cdot \cos\left(\alpha - \operatorname{arctg} \frac{B}{A}\right)$$

$$P(t) = P - \sqrt{P^2 + Q^2} \cdot \cos(2\omega t - \theta) \qquad (8a)$$

Teniendo en cuenta las expresiones (6) y (7) se puede llegar a la siguiente expresión:

$$P^2 + Q^2 = \left(V_{ef} \cdot I_{ef}\right)^2 = S^2 \qquad (9)$$

Donde **S** se define como **Potencia Aparente**.

Las ecuaciones (6), (7) y (9) son muy usadas en los estudios de sistemas de potencia, y a partir de éstas se define el **Factor de Potencia FP** como:

$$FP = \frac{P}{S} = \frac{V_{ef} \cdot I_{ef} \cdot \cos \theta}{V_{ef} \cdot I_{ef}} = \cos \theta \qquad (10)$$

$$FP = \frac{P}{\sqrt{P^2 + Q^2}} \qquad (10a)$$

$$P = \sqrt{S^2 - Q^2} \qquad\qquad Q = \sqrt{S^2 - P^2}$$

Además:

$$P = S \cdot \cos \theta = V_{ef} \cdot I_{ef} \cdot \cos \theta \qquad\qquad Q = S \cdot \operatorname{sen} \theta = V_{ef} \cdot I_{ef} \cdot \operatorname{sen} \theta$$

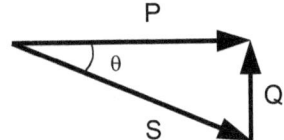

Triángulo de Potencias:

Condiciones Sinusoidales - Resistiva

La carga es resistiva pura y la tensión y la corriente están en fase.

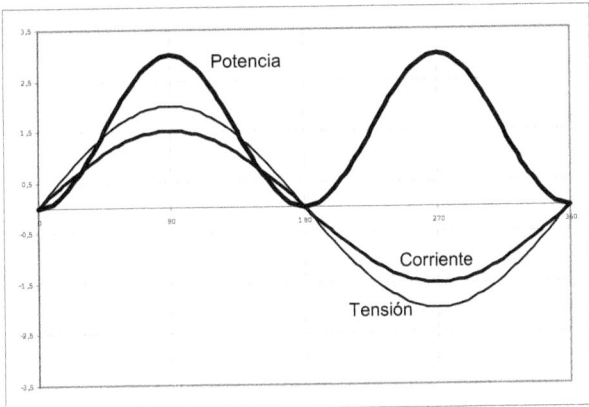

La potencia instantánea es siempre mayor o igual a cero. Esta potencia instantánea positiva indica que permanentemente hay una transferencia de energía eléctrica desde el generador hacia la carga, donde se transforma en otra forma de energía que, para el caso de una resistencia es calor. Toda la **Potencia** es **Activa**.

Condiciones Sinusoidales - Capacitiva

Para una carga reactiva pura, por ejemplo un capacitor ideal, la corriente está adelantada 90° con respecto a la tensión.

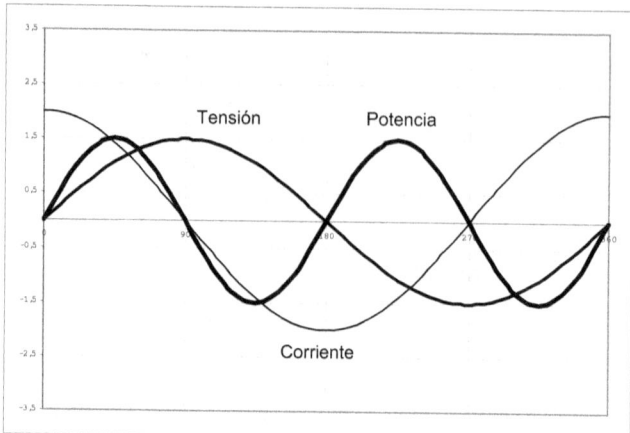

La **Potencia Activa** es nula. Este resultado es físicamente lógico dado que en un capacitor ideal no hay disipación de energía. Sin embargo existe una transferencia de energía permanente en el circuito: durante un ¼ de ciclo se carga el capacitor (la potencia instantánea es positiva) almacenando energía y durante el ¼ de ciclo siguiente el capacitor se descarga devolviéndole energía a la fuente (la potencia instantánea es negativa).

Esta circunstancia da lugar al concepto de **Potencia Reactiva Q** que da idea del valor de esa energía reversible que permanece en el circuito eléctrico trasladándose de la fuente a la carga y viceversa. El valor medio de la Potencia es nulo.

Condiciones Sinusoidales – Resistiva Inductiva

En este caso se tiene una impedancia de carga resistiva - inductiva que introduce un defasaje 45°. En el gráfico de la potencia instantánea se puede observarse que hay lapsos en que ella es negativa y corresponden a los intervalos en que la carga devuelve energía reactiva a la fuente. Se observa que existe una potencia media neta que corresponde a la energía que fluye irreversiblemente del circuito eléctrico al medio, que es la Potencia Activa.

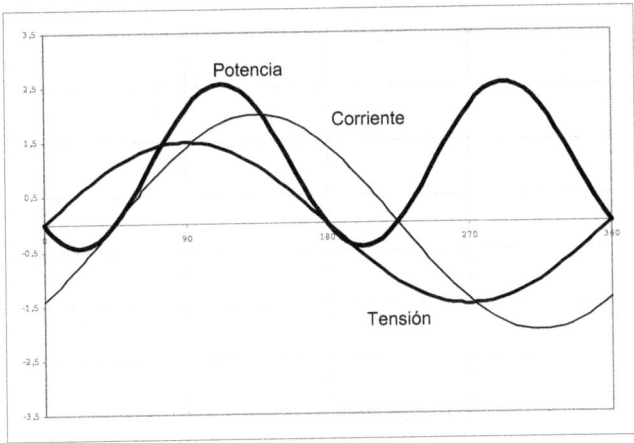

Condiciones No Sinusoidales

Cuando en una red eléctrica se conectan cargas no lineales los conceptos anteriores se tienen que modificar para contemplar la existencia de corrientes con armónicas.

- Fuentes de Armónicas:

    + Saturación de transformadores

    + Corrientes de magnetización de transformadores

    + Conexiones al neutro de transformadores

    + Fuerzas magnetomotrices en máquinas rotatorias de corriente alterna

    + Hornos de arco eléctrico

    + Lámparas fluorescentes

    + Fuentes reguladas por conmutación

    + Cargadores de baterías

    + Variadores de frecuencia para motores ("drives")

    + Convertidores de estado sólido

Durante los últimos 75 años hubo diferentes intentos de establecer una teoría generalizada con el fin de explicar de una forma consistente la teoría de potencias con cargas no lineales. Uno de los problemas que han surgido en este intento es la definición de la potencia reactiva.

En 1927 Budeanu definió la **Potencia Reactiva Q_B** en condiciones no sinusoidales, en términos de los valores eficaces de los armónicos de corriente y voltajes, definición que ha sido difundida en diferentes libros y publicaciones técnicas y usada extensamente desde entonces, aunque diferentes autores han puesto objeciones a estas definiciones. Allí Budeanu introdujo el concepto de **Potencia de Distorsión D$_B$**.

La definición de **Q$_B$** esta basada en la superposición de la potencia reactiva suministrada por cada armónico, matemáticamente:

$$Q_B = \sum_{n=1}^{\infty} V_n \cdot I_n \cdot \text{sen } \varphi_n \tag{11}$$

$$D_B = \sqrt{S^2 - P^2 - Q_B^2} \tag{12}$$

Fryze en 1931 objetó a las definiciones de Budeanu que es necesario descomponer la tensión y la corriente en sus componentes armónicas para después poder calcular la potencia reactiva.

Shepherd y Zakikhani en 1972 objetan que la potencia reactiva definida por Budeanu no tiene significado físico y sugieren otra definición para la potencia reactiva.

Otros autores han apoyado la teoría de Budeanu: Emanuel, Nowomiejski y Fisher.

Czarnecki en 1985 demuestra que las potencias definidas por Budeanu no tienen un significado físico y afirma que la potencia debida a la distorsión no suministra información sobre la distorsión de corriente y tensión. En un circuito en el que están presentes dos armónicos de tensión y corriente, es posible que la potencia reactiva calculada para un armónico se cancele con la potencia reactiva calculada para el otro armónico, y entonces la potencia reactiva total es cero, sin embargo, la potencia reactiva está presente en todo armónico.

Czarnecki también definió las componentes de potencia activa, reactiva y dispersa en base a la descomposición de la corriente en sus componentes activa, dispersa y reactiva.

Enslin y Van Wyk en 1990 definen la potencia bajo condiciones no senoidales en el dominio del tiempo, la cual la subdividen en dos componentes ortogonales, Potencia Activa P, Potencia Ficticia F; a la potencia ficticia la subdividen en dos componentes ortogonales: Potencia Reactiva Q y Potencia Deactiva D.

Lo cierto es que han transcurrido más de 70 años y en la actualidad todavía no existe una teoría aceptada por todos, referente a la definición de la Potencia Reactiva y su significado físico en condiciones no sinusoidales.

Con el objeto de formular las cantidades que caracterizan la potencia eléctrica para todas las frecuencias se partirá de la definición básica de potencia instantánea siguiendo la metodología propuesta por Makram, Haines y Girgis ("Effect of Harmonic Distortion in Reactive Power Measurement" – IEEE Transactions on Industry Applications, Vol. 28, #4, July/August 1992).

Se considera que las ondas de tensión y corriente de forma no sinusoidal se pueden expresar usando la serie de Fourier, de la siguiente forma:

$$v(t) = \sum_{m=1}^{M} \sqrt{2} \cdot V_m \cdot \cos\left(m\omega t + \alpha_m\right) \qquad (13)$$

$$i(t) = \sum_{n=1}^{N} \sqrt{2} \cdot I_n \cdot \cos\left(n\omega t + \alpha_n + \theta_n\right) \qquad (14)$$

m = orden de la armónica de la onda de tensión.

n = orden de la armónica de la onda de corriente.

α_m = desfasaje de la tensión de orden m respecto del sistema de referencia.

α_n = desfasaje de la corriente de orden n respecto del sistema de referencia.

θ_n = desfasaje entre la onda de tensión y la onda de corriente

Reemplazando (13) y (14) en (1) se obtiene:

$$p(t) = \sum_{m=1}^{\infty} \sum_{n=1}^{\infty} 2\, V_m I_n\, \cos(m\omega t + \alpha_m) \cdot \cos(n\omega t + \alpha_n + \theta_n)$$

Desarrollando la suma de cosenos del armónico de orden n:

$$p(t) = \sum_{m=1}^{\infty} \sum_{n=1}^{\infty} 2\, V_m I_n\, \cos\left(m\omega t + \alpha_m\right) \cdot \cos\left(n\omega t + \alpha_n\right) \cdot \cos\theta_n$$

$$- \sum_{m=1}^{\infty} \sum_{n=1}^{\infty} 2\, V_m I_n\, \cos\left(m\omega t + \alpha_m\right) \cdot \operatorname{sen}\left(n\omega t + \alpha_n\right) \cdot \operatorname{sen}\theta_n$$

La ecuación (16) puede ser mejor expresada si se considera los casos que m = n y que m ≠ n, entonces toma la forma:

$$p(t) = \sum_{m=1}^{\infty} 2\, V_m I_m\, \cos^2\left(m\omega t + \alpha_m\right) \cdot \cos\theta_m$$

$$- \sum_{m=1}^{\infty} 2\, V_m I_m\, \operatorname{sen}\theta_m \cdot \cos\left(m\omega t + \alpha_m\right) \cdot \operatorname{sen}\left(m\omega t + \alpha_m\right)$$

$$+ \sum_{\substack{m \neq n \\ m=1\ n=1}}^{\infty\ \infty} 2\, V_m I_n\, \cos\left(m\omega t + \alpha_m\right) \cdot \cos\left(n\omega t + \alpha_n\right) \cdot \cos\theta_n$$

$$-\sum_{m\neq n}\sum_{m=1}^{\infty}\sum_{n=1}^{\infty}2\,V_mI_n\cos\left(m\omega t+\alpha_m\right)\cdot sen\left(n\omega t+\alpha_n\right)\cdot sen\,\theta_n$$

La expresión anterior puede ser simplificada si se reemplaza en ella las siguientes identidades trigonométricas:

$$\cos^2\alpha=\frac{1+\cos 2\alpha}{2}\qquad\qquad \cos\alpha\cdot\cos\beta=\frac{\left[\cos\left(\alpha+\beta\right)+\cos\left(\alpha-\beta\right)\right]}{2}$$

$$\cos\alpha\cdot sen\,\alpha=\frac{sen\,2\alpha}{2}\qquad\qquad \cos\alpha\cdot sen\,\beta=\frac{\left[sen\left(\alpha+\beta\right)-sen\left(\alpha-\beta\right)\right]}{2}$$

Obteniéndose:

$$p(t)=\sum_{m=1}^{\infty}V_mI_m\cos\theta_m$$

$$+\sum_{m=1}^{\infty}V_mI_m\cos\theta_m\cdot\cos 2\left(m\omega t+\alpha_m\right)$$

$$-\sum_{m=1}^{\infty}V_mI_m\,sen\,\theta_m\cdot sen\,2\left(m\omega t+\alpha_m\right)\qquad(17)$$

$$+\sum_{m=1}^{\infty}\sum_{n=1}^{\infty}V_mI_n\cos\theta_n\cdot\left\{\cos\left[(m+n)\omega t+\alpha_m+\alpha_n\right]+\cos\left[(m-n)\omega t+\alpha_m-\alpha_n\right]\right\}$$

$$-\sum_{m=1}^{\infty}\sum_{n=1}^{\infty}V_mI_n\,sen\,\theta_n\cdot\left\{sen\left[(m+n)\omega t+\alpha_m+\alpha_n\right]-sen\left[(m-n)\omega t+\alpha_m-\alpha_n\right]\right\}$$

La ecuación (17) indica que la potencia eléctrica instantánea puede ser separada en cuatro componentes:

Componente de Potencia Activa:

$$P=\sum_{m=1}^{\infty}V_mI_m\cos\theta_m\qquad(18)$$

Componente de Potencia Real Rotatoria:

$$P_r(t)=\sum_{m=1}^{\infty}V_mI_m\cos\theta_m\cdot\cos 2\left(m\omega t+\alpha_m\right)\qquad(19)$$

$$+ \sum_{m=1}^{\infty} \sum_{n=1}^{\infty} V_m I_n \cos\theta_n \cdot \{\cos\left[(m+n)\omega t + \alpha_m + \alpha_n\right] + \cos\left[(m-n)\omega t + \alpha_m - \alpha_n\right]\}$$

esta tendrá una frecuencia que será múltiplo par de la frecuencia fundamental. Esto ocurrirá para cualquier orden del armónico **m** y también cuando los términos (m+n) y (m-n) sean números pares, y por lo tanto la combinación de armónicos de tensión y corriente debe ser: **m** y **n** par o **m** y **n** impar.

Componente de Potencia en Cuadratura:

esta tendrá una frecuencia que será múltiplo par de la frecuencia fundamental. Esto ocurrirá para cualquier orden de armónico m y también cuando los términos (m+n) y (m-n) sean números pares, es decir se debe cumplir que **m** y **n** sean par o **m** y **n** sean impar.

$$q_r(t) = -\sum_{m=1}^{\infty} V_m I_m \operatorname{sen}\theta_m \cdot \operatorname{sen} 2(m\omega t + \alpha_m) \qquad (20)$$

$$-\sum_{m=1}^{\infty} \sum_{n=1}^{\infty} V_m I_n \operatorname{sen}\theta_n \cdot \{\operatorname{sen}\left[(m+n)\omega t + \alpha_m + \alpha_n\right] - \operatorname{sen}\left[(m-n)\omega t + \alpha_m - \alpha_n\right]\}$$

Componente de Potencia de Distorsión:

tendrá una frecuencia que será múltiplo impar de la frecuencia fundamental. Ocurrirá cuando los términos (m+n) y (m-n) sean números impares. Es decir, **m** par y **n** impar o viceversa.

$$d(t) = \sum_{m=1}^{\infty} \sum_{n=1}^{\infty} V_m I_n \cos\theta_n \cdot \{\cos\left[(m+n)\omega t + \alpha_m + \alpha_n\right] + \cos\left[(m-n)\omega t + \alpha_m - \alpha_n\right]\}$$

$$-\sum_{m=1}^{\infty} \sum_{n=1}^{\infty} V_m I_n \operatorname{sen}\theta_n \cdot \{\operatorname{sen}\left[(m+n)\omega t + \alpha_m + \alpha_n\right] - \operatorname{sen}\left[(m-n)\omega t + \alpha_m - \alpha_n\right]\}$$

En la siguiente figura se muestran los componentes de la potencia eléctrica con las definiciones que han sido aceptadas y las que todavía son causa de controversia.

De aquí en adelante se considera que la tensión de la red tiene una única componente armónica; en cambio la corriente es no senoidal como consecuencia de la carga no lineal que se conecta a la red.

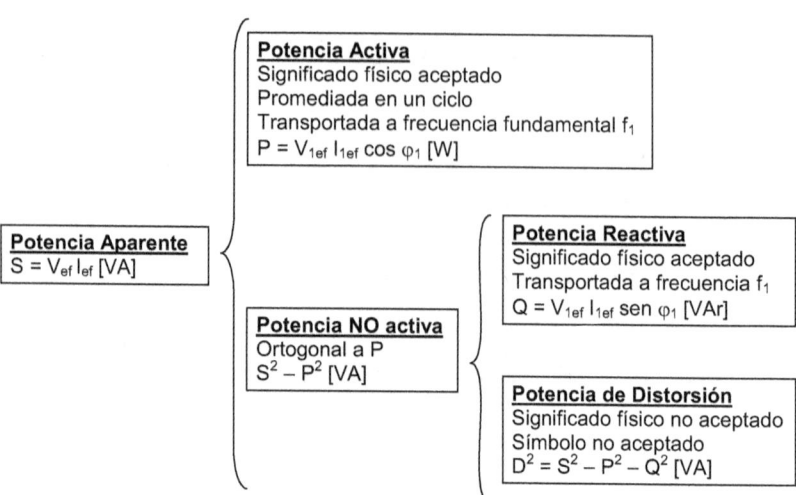

Factor de Potencia Total o Verdadero cuando existen armónicos de tensión y de corriente:

$$FP = \frac{\text{Potencia Promedio}}{\text{Potencia Aparente}} = \frac{P[W]}{V \cdot I[VA]}$$

$$FP = \frac{P}{S} = \frac{\dfrac{1}{T}\displaystyle\int_0^T v(t) \cdot i(t) \cdot dt}{\sqrt{\dfrac{1}{T}\displaystyle\int_0^T [v(t)]^2 \cdot dt} \cdot \sqrt{\dfrac{1}{T}\displaystyle\int_0^T [i(t)]^2 \cdot dt}}$$

$$FP = \frac{\displaystyle\sum_{i=1}^{\infty} V_i \, I_i \cos\theta_i}{\sqrt{\displaystyle\sum_{i=1}^{\infty} V_i^2} \cdot \sqrt{\displaystyle\sum_{i=1}^{\infty} I_i^2}}$$

Distorsión armónica sólo en corriente

Si solamente existen armónicas de corriente y el voltaje solo tiene la componente de frecuencia fundamental, la ecuación del FP se simplifica a:

$$FP = \frac{V_1 \, I_1 \cos\theta_1}{V_1 \cdot \sqrt{\displaystyle\sum_{i=1}^{\infty} I_i^2}} = \frac{I_1}{\sqrt{\displaystyle\sum_{i=1}^{\infty} I_i^2}} \cdot \cos\theta_1$$

El termino cos θ_1 es similar al que se tiene con cargas lineales y se le llama **Factor de Desplazamiento** FP_{desp}.

A la relación entre el valor eficaz de la componente fundamental y el valor eficaz total de la corriente se le llama **Factor de Distorsión** FP_{dist}.

Factor de Potencia de Desplazamiento

+ es la componente de desplazamiento del Factor de Potencia.

+ es la relación de la potencia activa de la onda fundamental, (W), a la potencia aparente de la onda fundamental, (VA).

$$FP_{desp} = \frac{V_1 I_1 \cos\left(\theta_{v1} - \theta_{i1}\right)}{V_1 I_1} = \cos\left(\theta_{v1} - \theta_{i1}\right)$$

$$FP = FP_{desp} \cdot FP_{dist} \qquad FP_{dist} = \frac{FP}{FP_{desp}} = \frac{P}{V\,I\,\cos\left(\theta_{v1} - \theta_{i1}\right)}$$

Distorsión Armónica Total de Corriente:

$$TDI(\%) = \sqrt{\sum_{i=2}^{40}\left(\frac{I_i}{I_1}\right)^2} \cdot 100 = \frac{\sqrt{\sum_{i=2}^{40} I_i^2}}{I_1} \cdot 100$$

El Factor de Distorsión con voltaje senoidal será:

$$FP_{dist} = \frac{P}{V\,I\,\cos\left(\theta_v - \theta_{i1}\right)} = \frac{V\,I_1\,\cos\left(\theta_v - \theta_{i1}\right)}{V\,I\,\cos\left(\theta_v - \theta_{i1}\right)} = \frac{I_1}{I} = \frac{I_1}{I_1\sqrt{1 + TDI^2}}$$

Factor de Potencia de Distorsión:

$$FP_{dist} = \frac{1}{\sqrt{1 + TDI^2}}$$

Potencia Reactiva de Desplazamiento:

$$Q_{desp} = V\,I_1\,sen\left(\theta_v - \theta_{i1}\right)$$

Potencia de Distorsión:

$$D = \sqrt{S^2 - P^2 - Q_{desp}^2}$$

Carga con Distorsión y con Desplazamiento:

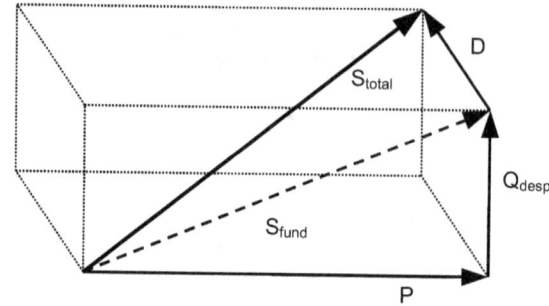

$$S_{fund}^2 = P^2 + Q_{desp}^2 \qquad\qquad S_{total}^2 = P^2 + Q_{desp}^2 + D^2$$

Carga con *Distorsión* y *sin* Desplazamiento:

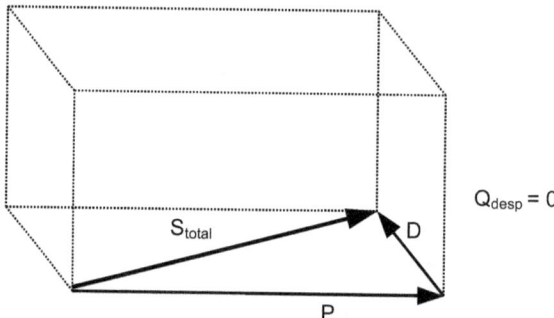

Una metodología para calcular las componentes de la potencia eléctrica en condiciones no sinusoidales es la siguiente:

- Es necesario monitorear digitalmente las señales de tensión y corriente, y aplicar a éstas un algoritmo para calcular las amplitudes de cada armónico de tensión y de corriente.

- A partir de las amplitudes de los armónicos calculados y aplicando las ecuaciones (18), (19), (20) y (21), calcular las componentes de la potencia.

Este método considera armónicos pares e impares de voltaje y corriente.

14

Transformadores
con Cargas no lineales

Transformadores

La presencia de corrientes armónicas no afecta de la misma forma a las diferentes cargas, produciéndose los inconvenientes más severos cuando estas cargas se conectan a líneas monofásicas correspondientes a sistemas trifásicos que tienen un neutro en común. Las principales consecuencias sobre los transformadores son:

Los transformadores de baja tensión son muy sensibles a los armónicos de corriente, porque les provocan fuertes sobrecalentamientos y posibilidades de falla. La potencia nominal y el calor que disipa un transformador en régimen de plena carga se calculan bajo la hipótesis de que el sistema está compuesto por cargas lineales, o sea, que no hay presencia de armónicos. Si el transformador tiene que suministrar corrientes con componentes armónicas, aumentará su temperatura y la posibilidad de que se dañe.

Las principales razones son:

- **Histéresis**: Cuando se conecta un transformador, en su núcleo laminado de acero se producen pérdidas por histéresis en forma de calor. Estas pérdidas, para una determinada corriente eficaz, son mayores para las componentes armónicas que para la fundamental porque son directamente proporcionales a la frecuencia.

- **Corrientes parásitas**: También las pérdidas por corrientes parásitas aumentan con la frecuencia produciendo el sobrecalentamiento del núcleo.

- **Efecto pelicular**: El efecto pelicular en los conductores aumenta con la frecuencia, por lo que también se producirán calentamientos adicionales en los arrollamientos por la presencia de componentes armónicas.

En las redes de distribución se utilizan transformadores de rebaje de MT/BT con conexión triángulo/estrella. En estas condiciones, parte de las componentes armónicas que producen las cargas monofásicas no lineales conectadas en la red de BT, no se trasladan a la red de MT. El motivo es que las armónicas de orden 3 y múltiplos de 3 están en fase y se suman algebraicamente en el neutro, o sea son homopolares. Cuando esta corriente del neutro llega al transformador, se refleja en el arrollamiento primario en triángulo y circula exclusivamente por él, produciendo sobrecalentamientos y posibles fallas en el transformador.

Esto trae como consecuencia que la corriente en el primario no refleja la corriente de carga no lineal total, por lo que la potencia aparente de entrada del transformador puede ser menor que la potencia aparente de salida. Es por este motivo que los transformadores y sus protecciones se deben seleccionar teniendo en cuenta estos diferentes tipos de perturbaciones presentes en el primario y en el secundario.

Por todo esto en algunos países se pensó en cuantificar el calentamiento producido en los transformadores cuando se presentan armónicos. En esta situación el transformador no debe funcionar a su potencia nominal y debe ser cambiado por otro de mayor potencia o disminuirse la carga. El transformador se "desclasifica" asociándole una potencia equivalente.

La potencia equivalente de un transformador es la correspondiente a la sinusoidal que provoque las mismas pérdidas que las producidas con la corriente no sinusoidal aplicada. Esta potencia equivalente es igual a la potencia basada en el valor eficaz de la corriente no sinusoidal multiplicada por el Factor K.

Este factor se define como el valor numérico que representa los posibles efectos de calentamiento de una carga no lineal sobre el transformador.

En primera aproximación, se puede considerar que las pérdidas en los arrollamientos varían como el cuadrado de la TDI (tasa de distorsión de la corriente), y las pérdidas en el núcleo varían linealmente en función de la TDT (tasa de distorsión de la tensión).

La siguiente figura muestra valores típicos de disminuciones porcentuales en las potencias de transformadores que alimentan cargas no lineales:

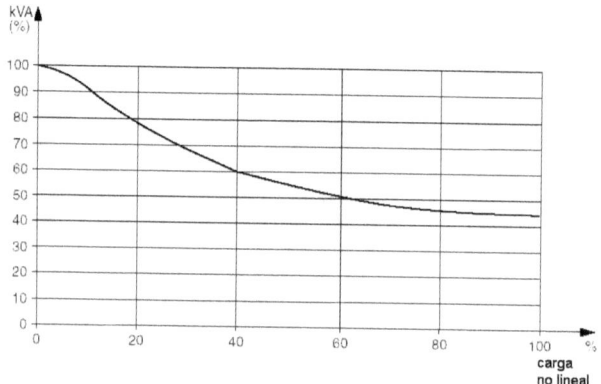

Ejemplo: un transformador debería trabajar al 60% de su potencia nominal si el 40% de las cargas que alimenta son no lineales.

La norma UTE C15-112 recomienda el siguiente factor de disminución de la potencia máxima de utilización de los transformadores en función de las corrientes armónicas:

$$k = \cfrac{1}{\sqrt{1 + 0,1 \cdot \left(\displaystyle\sum_{h=2}^{40} h^{1,6} \cdot T_h^2 \right)}} \qquad \text{donde:} \qquad T_h = \frac{I_h}{I_1}$$

Los valores típicos que se obtienen con esta expresión son:

$k = 0,86$ para corriente rectangular: rectificadores trifásicos, hornos de inducción.

$k = 0,80$ para corrientes de alimentación a conversores de frecuencia.

Factor de Desclasificación

El **factor K** es un **Factor de Desclasificación** de los transformadores que indica cuánto se debe reducir la potencia máxima de salida cuando existen armónicos.

- Por ejemplo, si en un transformador de 630 kVA se encontrara que el factor de desclasificación es 1,2 la máxima potencia que podríamos transmitir sería 525 kVA.

La fórmula completa definida por la norma CENELEC (Comité Europeo de Normalización Electrotécnica) en su documento HD428.4 S1, es la siguiente:

$$K = \sqrt{1 + \frac{e}{1+e} \cdot \left(\frac{I_{h1}}{I_{rms}} \right)^2 \cdot \sum_{n=2}^{N} n^q \cdot \left(\frac{I_n}{I_{h1}} \right)^2}$$

Donde:

n: orden del armónico

N: máximo orden del armónico a considerar

I_{rms}: corriente eficaz total, incluyendo la distorsión

I_n: corriente eficaz debido al armónico n

I_{h1}: corriente eficaz de la componente fundamental

q: constante que depende del tipo de arrollamiento del transformador y de la frecuencia de la red, habitualmente su valor es de 1,7

e: cociente entre la pérdida debida a la componente fundamental de la corriente y la pérdida que se produciría con una corriente continua, habitualmente este valor es de 0,3

La siguiente expresión matemática permite calcular el Factor K midiendo el valor de pico y la corriente eficaz en cada fase del secundario del transformador, calcular sus promedios y aplicarla:

$$K = \frac{I_{pico}}{I_{rms} \cdot \sqrt{2}} = \frac{\text{Factor de cresta}}{\sqrt{2}}$$

Esta expresión es aproximada, ya que no tiene en cuenta toda y cada una de las componentes armónicas, sin embargo permite, de una manera sencilla conocer cuánto hay que desclasificar el transformador.

Ejemplo:

- Tomando la señal de corriente con armónicos de la figura, la que tiene un Factor de Cresta igual a 2, lo que significa que el valor de pico de la señal es dos veces mayor que su valor eficaz. Si aplicamos la expresión de desclasificación anterior, obtenemos:

$$K = \frac{2}{\sqrt{2}} = 1,414$$

Esto significa que si esta medida hubiera sido hecha a la salida de un transformador de $S_n = 500$ kVA, la potencia máxima que debería dejar suministrar al transformador para no deteriorar la calidad de la red ni sobrecalentarlo, sería igual a 353 kVA, o lo que es lo mismo, el transformador se vería desclasificado un 30% debido a los armónicos.

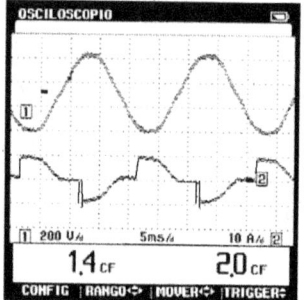

Los instrumentos de medida especializados en la medición y análisis de armónicos facilita este valor del Factor K, evitando complejos cálculos matemáticos.

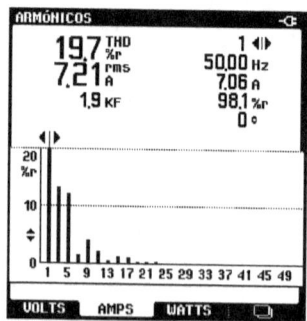

Por ejemplo: si la siguiente figura fuera la medición en el secundario de un transformador de Sn = 630 kVA, habría que reducir la potencia máxima en el Factor K medido de 1,9. La potencia quedaría reducida a:

$630/1,9 = 331$ kVA.

El Factor K de Desclasificación se debe utilizar para reducir la potencia máxima del transformador sólo cuando la medida está hecha en el secundario del mismo. Cuando la medida se hace en cualquier otro punto de la instalación, el Factor K no tiene utilidad.

El factor K también está dado por la siguiente expresión:

$$K = \sum_{h=1}^{h=h_{max}} I_h^2 \cdot h^2$$

I_h: valor efectivo de la armónica h, en pu del valor efectivo de la corriente nominal.

El Factor K de una corriente de carga se puede obtener con la misma ecuación y con I_h en pu de corriente total. Si se tienen los datos de las corrientes armónicas en pu de fundamental, el Factor K se puede calcular mediante la siguiente expresión:

$$K = \left(\frac{I_1}{I}\right)^2 \cdot \sum_{h=1}^{h=h_{max}} I_h^2 \cdot h^2$$

I_1: valor eficaz de la fundamental, en A

I: valor eficaz de la corriente, en A

I_h: valor eficaz de la armónica h, en pu de la fundamental

Transformadores con Factor K

Diferencias entre transformadores convencionales y transformadores con Factor K:

- El tamaño del conductor primario se incrementa para soportar las corrientes armónicas circulantes. Por la misma razón se dobla el conductor neutro.

- Se diseña el núcleo magnético con una menor densidad de flujo normal, utilizando acero de mayor grado.

- Utilizando conductores secundarios aislados de menor calibre, devanados en paralelo y transpuestos para reducir el calentamiento por el efecto pelicular.

- El costo de un transformador dimensionado teniendo en cuenta el Factor K, aumenta en función de éste entre el 30 al 60%.

Transformadores secos con Factor K disponibles comercialmente en Europa:

K - 4	K - 9	K - 13	K - 20	K - 30	K - 40

Ejemplo.

Empleando los datos de la corriente con distorsión de una medición real, tenemos la siguiente tabla:

h	1	3	5	7	9
I_h en [A$_{ef}$]	2,036	1,633	1,237	0,757	0,318
I_h/I_1 en [pu]	1,000	0,802	0,608	0,372	0,156
$(I_h/I_1)^2$	1,000	0,643	0,369	0,138	0,024
h^2	1	9	25	49	81
$(I_h/I_1)^2 . h^2$	1,000	5,787	9,225	6,762	1,944

Sumando los valores del último renglón y multiplicando por la relación al cuadrado de corriente fundamental a corriente total, obtenemos:

$$K = \left(\frac{I_1}{I}\right)^2 \cdot \sum_{h=1}^{h=h_{max}} I_h^2 \cdot h^2 = 0,4606 \cdot 24,718 = 11,38$$

Una corriente nominal con la distorsión del ejemplo daría lugar a 11,38 veces mayores pérdidas que con Factor K =1.

En transformadores secos las pérdidas por corrientes circulantes en el devanado de BT producen puntos calientes en ese devanado. Si se emplea un transformador seco con Factor K = 1 para alimentar corrientes con distorsión como la del ejemplo, es obvio que en esos puntos calientes la temperatura se puede elevar en forma peligrosa.

La norma ANSI C57.110 define el Factor K mediante la siguiente ecuación:

$$K = \frac{\sum_{h=1}^{\infty} I_h^2 \cdot h^2}{\sum_{h=1}^{\infty} I_h^2} = \sum_{h=1}^{\infty} \left(\frac{I_h}{I_{rms}}\right)^2 \cdot h^2$$

15

Sistemas de Corrección de Perturbaciones

Mejoramiento de la Calidad de Servicio

En cualquier proceso productivo, la pérdida de calidad de la energía eléctrica puede alterar el comportamiento o los resultados de esa producción, y hasta provocar la destrucción de los equipos y de los procesos que de ellos dependen, con posibles consecuencias para la seguridad de las personas y con costos económicos adicionales.

La pérdida en la calidad involucra básicamente la presencia de tres elementos:

✦ uno o varios generadores de perturbaciones,

✦ una o varias cargas sensibles a estas perturbaciones,

✦ y entre ambos, un camino de propagación de estas perturbaciones.

La solución consiste en actuar sobre todos o algunos de estos tres elementos, en forma integral sobre toda la instalación o localmente sobre una o varias cargas.

Debido a que las diferentes cargas no todas son sensibles a las mismas perturbaciones y sus niveles de sensibilidad son distintos, la solución que se adopte debe de ser la menos costosa desde el punto de vista técnico-económico, y debe garantizar un nivel de calidad adaptada a las reales necesidades de esas cargas.

Para lograr esto hace falta que especialistas realicen previamente un diagnóstico y determinen los tipos de perturbaciones que hay que corregir (por ejemplo, son distintas las soluciones según sea la duración de un corte). De la calidad de este diagnóstico dependerá la eficiencia de la medida que se aplique. También los especialistas deben de ser los que realicen los estudios y determinen las medidas y los responsables de las instalaciones y su mantenimiento.

La correcta adopción de las medidas correctivas y su aplicación dependen de:

✦ Del nivel de calidad deseado

Una falla puede ser inaceptable si pone en juego la seguridad de las personas (hospitales, balizamiento de los aeropuertos, alumbrados y sistemas de seguridad de locales de pública concurrencia, sistemas auxiliares de centrales, etc.)

✦ De las consecuencias financieras de la falla

Una parada no programada, incluso muy corta, de ciertos procesos (fabricación de semiconductores, siderurgia, petroquímica), lleva a una pérdida o a una no calidad de la producción, e incluso a tener que volver a poner en condiciones adecuadas los medios de producción.

✦ Del tiempo necesario para el retorno de la inversión

Es la razón entre las pérdidas financieras (materias primas, pérdidas de producción, etc.) provocadas por la no-calidad de la energía eléctrica y el costo (estudio, puesta en marcha, funcionamiento, mantenimiento) de la solución.

También hay que tener en cuenta los límites de las perturbaciones establecidas por las reglamentaciones e impuestas por la empresa prestadora del servicio.

Sistemas de corrección de perturbaciones

Las perturbaciones más frecuentes en la red son:

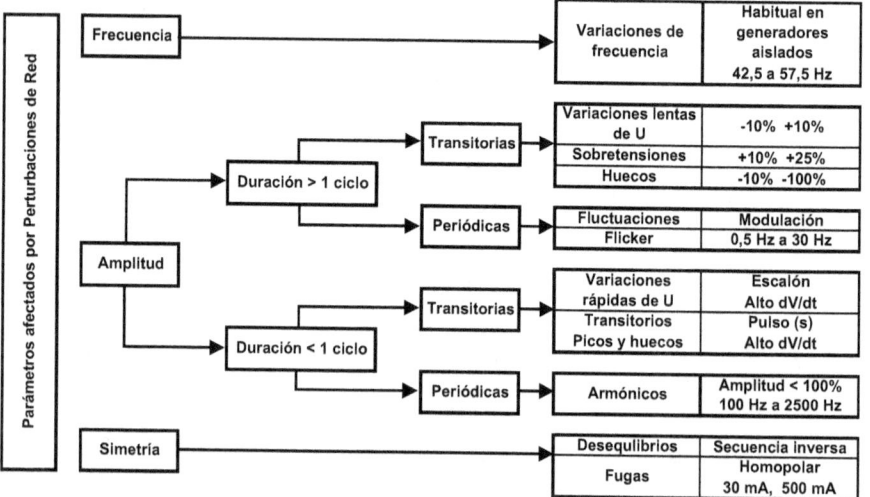

Corrección de perturbaciones

En los capítulos anteriores se han analizado las principales perturbaciones que producen alteraciones en la forma de la onda de tensión, y se han señalado algunas medidas preventivas y correctivas, indicándose distintos dispositivos que pueden ser aplicadas en cada caso.

Pero, como ya se ha mencionado en reiteradas oportunidades en el presente texto, debido a la creciente importancia que tiene en la actualidad la calidad de la energía eléctrica, en este capítulo se hará una detallada descripción de todos los dispositivos con que cuenta la tecnología moderna para solucionar estos problemas.

Algunos de los dispositivos sirven para corregir simultáneamente varios tipos de perturbaciones, por ello, se distinguirán entre:

+ Dispositivos específicos

+ Dispositivos universales

Definición

El concepto de **corrección de perturbaciones** comprende a cualquier medida que se tome en una instalación o en las cargas conectadas a la misma, para que su funcionamiento sea satisfactorio en el entorno considerado.

La corrección puede realizarse analizando lo siguiente:

+ La **emisión** de perturbaciones. Las medidas consisten en incorporar los dispositivos adecuados para que los equipos emitan perturbaciones por debajo del límite a partir del cuál pueden afectar al funcionamiento de otras cargas situadas en su entorno.

+ La **inmunización** frente a perturbaciones. El cumplimiento de la Compatibilidad Electromagnética (CEM) exige que los equipos funcionen correctamente y sin sufrir deterioro hasta unos determinados niveles de perturbación. Las medidas consisten en incorporar los dispositivos necesarios para que dichos equipos sean inmunes a esos niveles CEM.

Equipos electrónicos

El nivel de inmunidad a las perturbaciones en la tensión de alimentación en las computadoras y equipos electrónicos en general son difíciles de medir, por ello la Asociación de Fabricantes de Equipos de Computación de USA ha elaborado la **curva CBEMA**, que indica los niveles de tolerancia de los mismos.

La siguiente curva muestra la duración y la amplitud de las variaciones de tensión en el sistema eléctrico. Por ejemplo, se pueden observar en la figura los siguientes puntos:

- El punto (a) corresponde a una **sobretensión transitoria** (spike) con una duración de una centésima de ciclo y una amplitud de 3,5 veces la tensión pico nominal, lo que no es permitida.

- El punto (b) también es una **sobretensión transitoria** (spike) con la misma duración que la del punto (a), pero con una amplitud de 1,5 veces el valor pico de la tensión nominal, y si es permitido.

- El punto (c) es una **sobretensión temporaria** (swell) con una duración de 10 ciclos y una amplitud de 1,5 veces la tensión eficaz nominal, no es permitido.

- El punto (d) es un **hueco** o **caída de tensión** (sag) con la misma duración que el (c), pero con 0,25 veces el valor eficaz de la tensión nominal, tampoco es permitido.

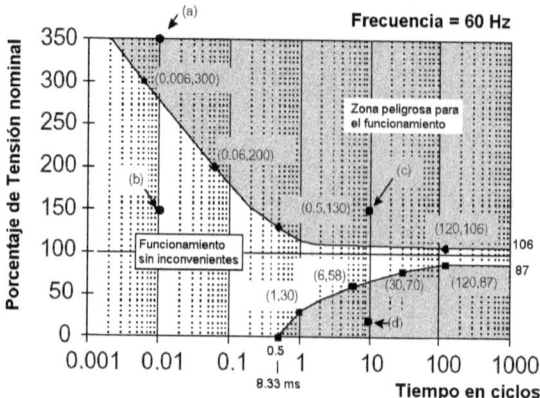

O sea, las perturbaciones en la tensión de alimentación que queden dentro de las zonas de color oscuro, pueden ocasionar problemas en los equipos electrónicos; mientras que las perturbaciones que queden dentro de la zona de color claro, pasarán inadvertidos para el aparato. Es importante destacar que algunos equipamientos pueden funcionar con perturbaciones en la zona oscura inferior, pero sin llegar a producirse daños.

Actualmente la **curva CBEMA** han sido reemplazadas por la **curva ITIC** (Information Technology Industry Council – Consejo de Información Tecnológica de la Industria), la que delimita las zonas en forma lineal con tolerancias similares a la anterior.

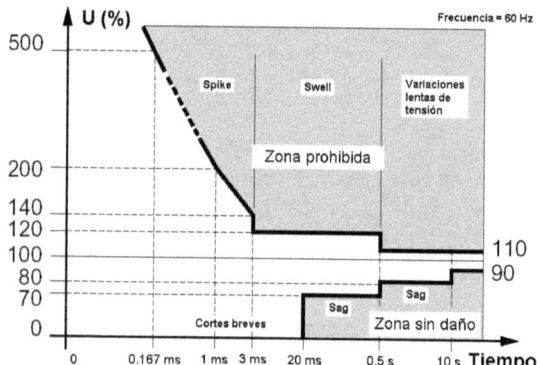

A – Sistemas de corrección específicos de perturbaciones

A – 1. Variaciones lentas de tensión

Este tipo de perturbación afecta a la amplitud de la onda senoidal del sistema trifásico de tensiones, tal como se analizó en el Capítulo 6.

Las empresas transportistas y distribuidoras de electricidad deben poner a disposición de los usuarios, en los Puntos de Suministro, tensiones dentro de las tolerancias establecidas en los Contratos de Concesión y en los Procedimientos de Cammesa. Para ello deben realizar un adecuado diseño de sus redes que incluyan sistemas de regulación de tensión, de tal manera que las cargas que sean conectados a esas redes estén diseñados para que funcionen correctamente dentro de esas variaciones. No obstante, hay cargas sensibles, cuya tolerancia de funcionamiento correcto es menor al establecido en las normas correspondientes.

Para estos casos es necesario alimentar dichas cargas mediante dispositivos correctores inmunizadores, tales como:

Reguladores de Tensión: Su función es mantener constante o reducir las variaciones del valor eficaz de la tensión de alimentación a una determinada carga. Para lograr este objetivo el regulador debe trabajar de manera que:

$$(U_2 - U_0) < (U_1 - U_0)$$

La amplitud de salida del Regulador de Tensión debe ser lo suficientemente pequeña como para que no afecte al correcto funcionamiento de la carga sensible.

Regulador de Tensión

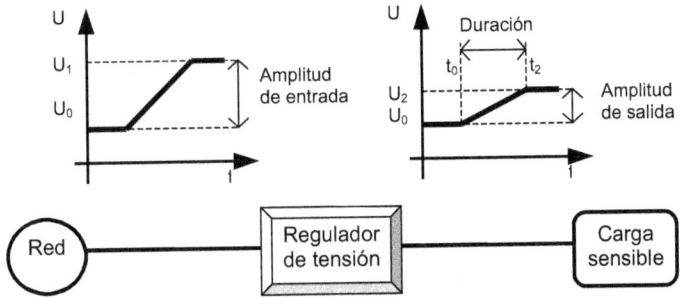

Existen varios tipos de reguladores de tensión, cada uno con ventajas y desventajas en su operación. Los principales son:

Los **Transformadores Ferroresonantes** pueden separar las tensiones de entrada y salida aislando los ruidos eléctricos. Regulan muy bien, pero con limitada capacidad de sobrecarga. Además, su eficiencia no es buena para pequeñas cargas y pueden ser afectados por ondas no lineales.

Los **Reguladores Magnéticos de Tensión**, son un tipo especial de autotransformador.

Los **Autotransformadores Regulados con tomas variables** varían la relación de transformación a través de un circuito de control que le permite mantener la tensión de salida U_2 prácticamente constante, o con una tolerancia de variación menor que la que puede aparecer en la entrada, cuando la tensión de alimentación varía.

Esquema de un Autotransformador Regulado

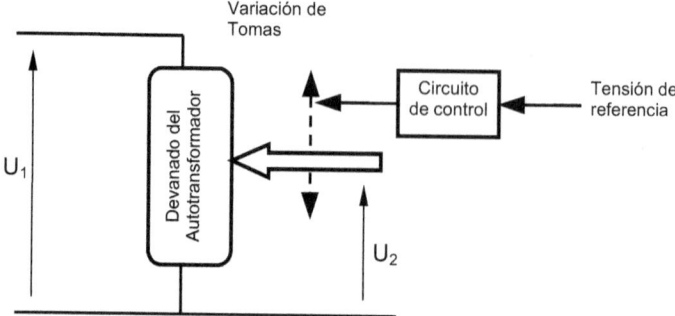

El tiempo de respuesta de los reguladores depende de la tecnología utilizada. Los menores tiempos se consiguen con los que están controlados electrónicamente mediante semiconductores (tiristores, triacs, etc.).

Con los reguladores de tensión se pueden lograr reducciones del margen de variación de entrada desde un 15%, a valores comprendidos entre el 3% y el 7%.

Instalar en una red reguladores en serie puede provocar problemas de inestabilidad, los que dependen de los tiempos de respuesta y de las sensibilidades de los reguladores.

Para elegir los reguladores de tensión, es imprescindible que los proyectistas conozcan la configuración del sistema eléctrico, la naturaleza de los problemas a corregir, las tolerancias admisibles, y los pasos en los cambios de tensión a considerar.

En media tensión se utilizan los tipos de autotransformadores citados, por ejemplo:

- **Regulador de tensión "Auto-Booster".** Son los equipos más simples de regulación de tensión. Se fabrican en unidades monofásicas y son utilizados principalmente en redes de distribución rural, en zonas con bajas densidades de carga, o para alimentar a pequeñas poblaciones del interior.

  Este regulador sólo puede variar la tensión en un solo sentido, o sea, se lo regula para aumentar la tensión o se lo regula para bajarla, pero no para ambas posibilidades. Por este motivo, generalmente se lo utiliza como equipo auxiliar del regulador de tensión de 32 grados cuando las caídas son muy elevadas.

- **Regulador de tensión de 32 grados.** Este equipo permite que se obtenga en sus terminales de salida o en un punto remoto del sistema una tensión constante y predeterminada. Al contrario del auto-booster, puede elevar o reducir el valor de la tensión de sus terminales de entrada. También se fabrica en unidades monofásicas y son especialmente usados en líneas rurales de gran longitud, con importantes variaciones en la carga. Pueden ser instalados a la salida del distribuidor de la subestación o en un determinado punto de la red. Algunas veces son utilizados para regular la tensión de toda una barra de una subestación.

Conjunto motor–generador. Su función es alimentar la carga sensible desde un generador que mantiene su tensión constante.

Las variaciones del valor eficaz de la tensión de la red son absorbidas por el motor sincrónico, que mantiene un par y una velocidad constantes, absorbiendo más o menos corriente de la red. Su acoplamiento con el alternador hace que éste pueda regularse para mantener su tensión de salida prácticamente constante y evitar que la carga sensible conectada a sus bornes se vea afectado por las variaciones de la red.

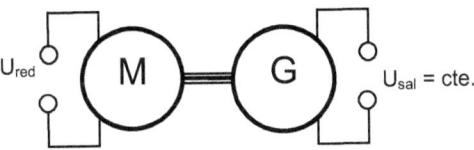

A – 2. Fluctuaciones de tensión y Flicker

Estas perturbaciones afectan la amplitud de la onda senoidal del sistema trifásico de tensiones, y son causadas por determinadas cargas. Para garantizar la compatibilidad electromagnética estas cargas se deben conectar en el punto de la red más adecuado, y deben tener dispositivos que reduzcan al máximo las emisiones de esta perturbación. Es importante destacar que algunos de estos dispositivos sólo operan eficientemente para un determinado tipo de receptor.

Los más comunes son los llamados **compensadores estáticos**, como los siguientes:

Reactancias controladas

Tienen como función disminuir las variaciones de la potencia demandada que están asociadas a variaciones de su componente reactiva (ΔQ); o sea, realizan una compensación en tiempo real, fase a fase, de la potencia reactiva.

Su utilizan en hornos de arco. Generalmente estos hornos tienen una reactancia inductiva en serie para limitar su potencia de cortocircuito y, por lo tanto, las potencias demandadas durante el proceso de fusión.

En estos y otras cargas similares, si se conectan en paralelo reactancias inductivas controladas, producen variaciones en la potencia reactiva que consumen ($\Delta Q'$) obteniéndose una variación nula $\Delta Q + \Delta Q' \approx 0$ desde el punto de vista de la red, con lo que se consigue mayor uniformidad de la potencia demandada, atenuando las fluctuaciones de tensión.

Reactancias Controladas en un horno de arco

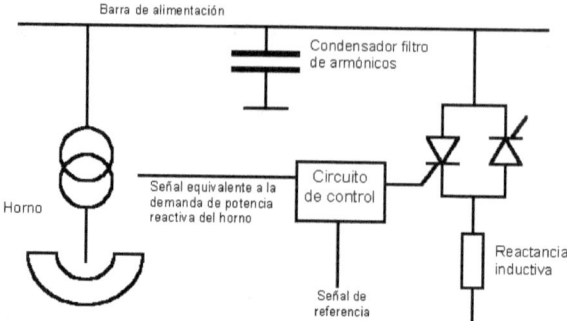

La compensación de los incrementos de la potencia reactiva demandada por el horno se hace de manera instantánea a nivel de fase mediante el circuito de control, que actúa sobre el ángulo de disparo de los tiristores y, en consecuencia, sobre el tiempo en el que se encuentra conectada la reactancia inductiva, generando $\Delta Q'$.

Todo el conjunto funciona en un circuito cerrado, es decir, un lazo de realimentación con comparador respecto de una referencia.

Debido al comportamiento no lineal del horno y del sistema de compensación, se suele instalar además un filtro LC para atenuar las componentes armónicas producidas.

Capacitores controlados

Su función es compensar los incrementos de demanda de potencia reactiva corrigiendo las correspondientes variaciones del cos φ de forma que se mantenga aproximadamente constante a un valor prefijado.

Se utilizan asimismo muy frecuentemente en los hornos de arco.

Uno o más capacitores controlados, conectados en paralelo con la carga que genera la perturbación, proporcionando una compensación continua del factor de potencia mediante la conexión de más o menos potencia reactiva capacitiva.

Estos dispositivos son análogos a las reactancias controladas, sustituyendo la reactancia inductiva por capacitores distribuidos en escalones. La regulación del factor de potencia se consigue mediante el control del ángulo de disparo de los tiristores y la conexión o desconexión de escalones de capacitores.

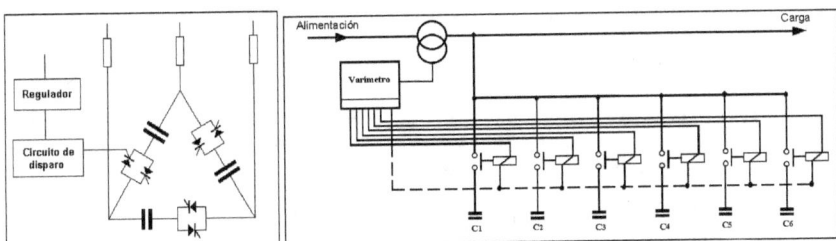

Generalmente en serie con los capacitores se conectan pequeñas reactancias inductivas, con el objeto de disminuir los efectos transitorios resultantes de su conexión.

Es común también conectar un banco de capacitores en forma permanente.

Estabilizadores magnéticos:

Son una variante de los dispositivos anteriores. La compensación de los incrementos de potencia reactiva se efectúa mediante la conexión de un transformador de elevada reactancia de dispersión en paralelo con la carga. El secundario del transformador es cortocircuitado durante determinados períodos de tiempo a través del control de tiristores conectados a él.

La evolución de la electrónica (tiristores, etc.) ha permitido sustituir los antiguos estabilizadores magnéticos basados en reactancias saturables, por estos dispositivos.

Arrancadores de motores

Su función es disminuir las elevadas corrientes de arranque que demandan los motores, porque éstas producen generalmente sensibles caídas de tensión, con duraciones de pocos segundos a varios minutos. En consecuencia, estos dispositivos correctores están destinados a atenuar la emisión de disminuciones o caídas de tensión, que de acuerdo a su amplitud pueden llegar a ser huecos de tensión.

Los motores asincrónicos trifásicos, por sus características de funcionamiento, absorben durante su arranque una intensidad de corriente que puede ser hasta 6 veces la nominal. Para reducir esta corriente a valores inferiores a estos motores se los conecta mediante sistemas de arranque de tensión reducida, como por ejemplo, los arrancadores estrella–triángulo.

Con estos dispositivos inicialmente el motor se conecta en estrella, o sea que reciben la tensión de fase de 220 V, absorbiendo una corriente de alimentación inferior a la de la conexión triángulo, configuración a la que se conmuta una vez establecido el régimen normal de funcionamiento, recibiendo la tensión de línea de 380 V; es decir que la tensión durante el arranque se reduce 1,73 veces. Por ser ésta una relación fija, y dado que la influencia de la tensión sobre la corriente y la cupla es cuadrática, tanto la corriente como el par de arranque del motor se reducen en tres veces.

A – 3. Huecos de tensión y cortes breves

Como se señalaba en el Capítulo 8, los huecos de tensión son caídas bruscas de la amplitud de tensión que la sitúan por debajo del 90% de su valor nominal durante un período de tiempo que oscila entre 10 milisegundos y varios segundos. Los cortes breves suponen la ausencia total de tensión entre 10 milisegundos y un minuto.

Los principales sistemas de corrección de estas perturbaciones son los siguientes:

Inmunización de contactores

Para evitar la desenergización instantánea de la bobina de los contactores y se produzca la apertura del mismo, producto de una disminución brusca de la tensión de alimentación, se utilizan retardadores capacitivos que los hacen insensibles a los huecos y a los cortes breves.

Conjunto motor–generador

Es un conjunto motor-volante de inercia-generador. En funcionamiento, la energía cinética almacenada permite mantener la velocidad del sistema durante intervalos cortos de tiempo. Cuando aparece un hueco de tensión o un corte breve, la energía mecánica se libera, manteniendo la tensión de alimentación.

Condensador de almacenamiento

La descarga de un condensador mantiene la alimentación de un circuito de corriente continua frente a un hueco o un corte breve. Es apropiada para huecos y cortes inferiores a un segundo.

Batería de almacenamiento

Su funcionamiento es parecido al del dispositivo anterior. La diferencia principal entre ambos es que en este caso se utiliza una batería como medio de almacenamiento, lo que permite hacer frente a interrupciones de mayor duración.

A – 4. Sobretensiones

Son perturbaciones que se superponen a la tensión nominal de un circuito. Pueden aparecer de dos formas: entre fases o entre circuitos distintos, y son llamadas de modo diferencial; o entre los conductores activos y una masa, o la tierra, y son llamados de modo común.

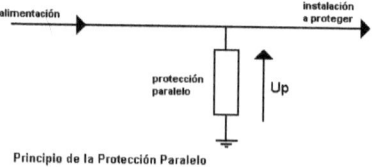

Principio de la Protección Paralelo

Los aparatos de protección que permiten limitar los riesgos de las sobretensiones son los llamados **limitadores** o **descargadores de sobretensión**. Es un dispositivo que se conecta en paralelo con la carga sensible en la entrada de alimentación.

Posee una impedancia muy elevada para valores cercanos a la tensión nominal de dicha carga, y muy baja a partir de un determinado valor de tensión superior a la nominal. En esta última situación, el impulso de tensión genera un impulso de corriente que circula por el supresor, de forma que o bien se disipa la potencia asociada en forma de calor, o bien se deriva al circuito de tierra de la instalación.

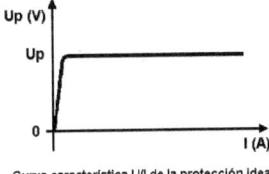

Curva característica U/I de la protección ideal

El ancho de la banda correspondiente a este tipo de perturbación puede ser muy elevado, por lo que es muy importante determinar la necesidad real para obtener un correcto funcionamiento.

Esquema típico de un Limitador de Altas Frecuencias

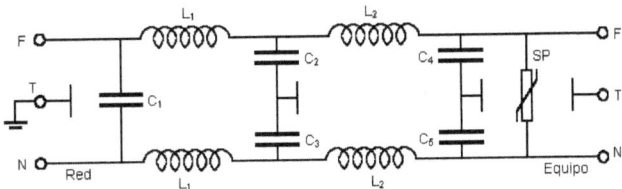

Los limitadores de sobretensiones más comunes son:

Varistores

Son resistencias construidas con elementos semiconductores (carburo de silicio, óxido de zinc, etc.) con una característica no lineal tensión/corriente, o sea, el valor de su resistencia se modifican en función de la tensión entre sus bornes. Cuando se produce un aumento de tensión aplicada al varistor, éste disminuye su impedancia produciendo un aumento de la corriente que circula por él. Sus parámetros principales son:

- Tiempo de respuesta: nanosegundos

- Tensiones nominales: disponibles dentro de todas las gamas de baja y media tensión.

- Picos de corriente admisibles: del orden de kA.

Descargadores de gas

Están constituidos por tubos de descarga gaseosa mediante gases inertes. Su aplicación es muy restringida: se utilizan, por ejemplo, para protección de equipos de alta frecuencia.

Actúan de forma diferente a los dispositivos semiconductores: derivan el impulso a tierra, en lugar de disiparse en él.

- Tiempo de respuesta: microsegundos

- Tensiones nominales: superiores a 70 V y hasta 70 kV.

- Picos de corriente admisibles: hasta 60 kA.

Diodos Zener

Son elementos semiconductores rectificadores polarizados con tensión inversa.

Se utilizan únicamente en aplicaciones con alimentación en corriente continua.

- Tiempo de respuesta: picosegundos

- Tensiones nominales: hasta 300 V

- Picos de corriente: hasta del orden de 50 A

Equipos protectores de sobretensiones

Son equipos que se conectan en serie en la entrada de la alimentación de la carga, en corriente alterna de baja tensión o en corriente continua. Cuando aparece una sobretensión desconectan la carga con un determinado retraso, entre 5 y 10 milisegundos, y luego reponen la alimentación en un tiempo inferior a 30 segundos.

A – 5. Distorsión armónica

Esta perturbación afecta a la forma de la onda del sistema trifásico de tensiones. La causa de esta alteración de la onda son las cargas con características no lineales de tensión / corriente.

Para que las emisiones de estos receptores no superen el límite a partir del cual pueden afectar a otros receptores de la red, las empresas eléctricas deben procurar que su conexión se haga en el Punto de Suministro más adecuado. Además, es necesario también que las cargas que generan estas perturbaciones estén equipadas con dispositivos correctores para minimizar la emisión de las mismas.

Para cada equipo se debe consultar con las respectivas normas de fabricación (IRAM, IEC, IEEE, o del país de origen) que establezcan la compatibilidad electromagnética.

Por ejemplo, los límites de emisión de los convertidores para instalaciones industriales están establecidos en las normas IEC 146 y IEEE 519.

En nuestro país, debería aplicarse la norma IRAM 2492 (1986): "Aparatos electrodomésticos y equipos similares. Perturbaciones producidas en las redes de alimentación" - Parte II: "Armónicas". Ésta es aplicable a equipamientos monofásicos y trifásicos de fabricación nacional, como por ejemplo: receptores de radio y televisión, aparatos de calefacción y cocina, herramientas portátiles, aparatos que funcionan con motor o accionados magnéticamente.

Esquema de distorsión generada por un receptor no lineal

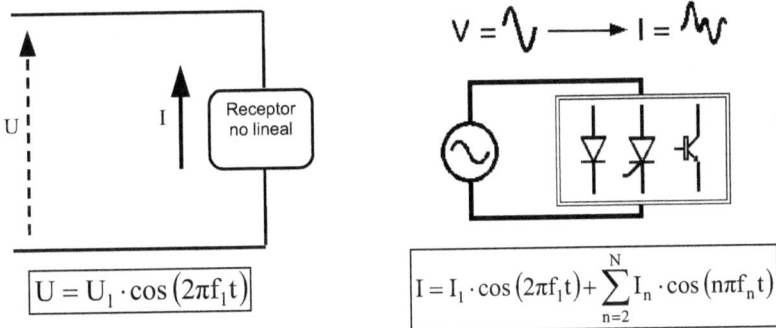

$$U = U_1 \cdot \cos\left(2\pi f_1 t\right)$$

$$I = I_1 \cdot \cos\left(2\pi f_1 t\right) + \sum_{n=2}^{N} I_n \cdot \cos\left(n\pi f_n t\right)$$

Filtros de armónicas

Básicamente, los equipos de filtrado permiten resolver los inconvenientes producidos por las corrientes armónicas. Para definir el tipo de equipo a instalar es necesario efectuar un minucioso estudio de armónicas, con mediciones de tensión y corriente, análisis mediante simulador y selección del equipo mas adecuado.

Como el circuito de filtrado absorbe parte o la totalidad de las armónicas generadas por las cargas perturbadoras, debe ser adecuadamente diseñado.

Básicamente los filtros pueden ser:

- Pasivos

- Activos

Filtros de armónicas pasivos

Su función es tratar de convertir en lineal la característica no lineal de la carga. Para ello, se lo conecta en paralelo con la carga.

La alimentación con una tensión sinusoidal de frecuencia f_1 (50 Hz) a una carga con característica no lineal genera corrientes de frecuencias f_1 y nf_1 armónicos múltiplos de f_1. Esto equivale a inyectar en la red componentes armónicas de corriente, que producirán a su vez armónicos de tensión.

Los valores de los **n** armónicos dependen del tipo de carga no lineal: rectificador, lámpara de descarga, etc.

La conexión en paralelo de una carga, que genera una componente armónica de corriente **nf₁**, con un filtro pasivo sintonizado, conjunto serie inductancia condensador, que cumple la siguiente condición de resonancia:

$$nf_1 = \frac{1}{2\pi} \cdot \sqrt{LC}$$

presenta una impedancia total nula para la componente armónica de corriente **nf₁**, por lo que esta componente no será inyectada a la red.

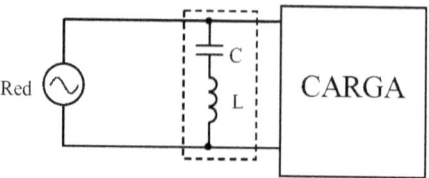

Ejemplo de filtro pasivo

Esta condición se puede establecer para filtros en serie o en paralelo. Para la elección de los mismos, se debe tener en cuenta la ubicación de la fuente de armónicos. En algunos casos, es conveniente asociar filtros serie–paralelo, sintonizando cada uno de ellos a una frecuencia determinada.

Los **filtros pasivos** están constituidos por elementos reactivos (bobinas y capacitores) conectados en paralelo con la carga. Su gran ventaja es la simplicidad, fiabilidad y robustez de su diseño al estar compuesto de elementos pasivos. Pero también poseen numerosas desventajas, como son el gran tamaño de la bobina y el capacitor, la pobre respuesta dinámica ante cambios en la carga, la gran influencia de la impedancia de red en el filtrado, la posibilidad de que aparezcan resonancias, la imposibilidad de eliminar más de un número limitado de armónicos.

Principales conexiones de los filtros pasivos:

- Filtros serie (alta impedancia)

  ✦ La inductancia debe diseñarse para la corriente de carga.

  ✦ La inductancia y el capacitor se deben aislar a la tensión de la red.

- Filtros paralelo (baja impedancia)

  ✦ Se pueden incorporar al filtro los capacitores para corregir el factor de potencia a frecuencia fundamental.

  ✦ Pueden obtenerse arreglos para características múltiples de filtrado.

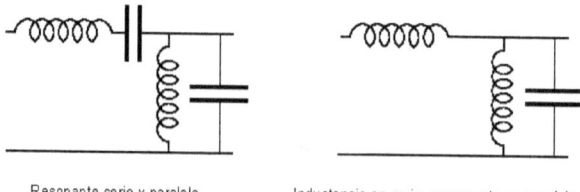

Resonante serie y paralelo   Inductancia en serie y resonante en paralelo

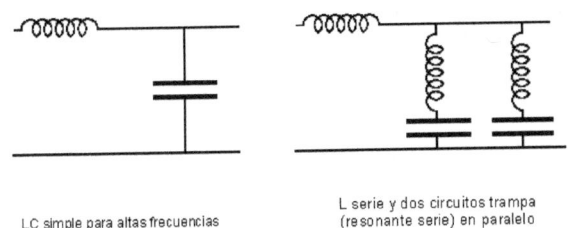

LC simple para altas frecuencias

L serie y dos circuitos trampa
(resonante serie) en paralelo

Las particularidades de los **filtros pasivos** son:

- Sus características son restringidas porque generalmente están sintonizados a una sola frecuencia.

- Tienen un menor costo comparado con los filtros activos.

- Pueden construirse utilizando capacitores de corrección del factor de potencia.

- Tienen buen rendimiento energético (pocas pérdidas), excepto en los filtros pasa banda u otros filtros complejos.

- No requieren mantenimiento especial.

Filtros de armónicas activos

Se componen de elementos pasivos y transistores gobernados por circuitos de control. En realidad se trata de convertidores que filtran la corriente de entrada. Estos tipos de filtros son capaces de filtrar prácticamente la totalidad de los armónicos de baja frecuencia y no tienen los inconvenientes de los filtros pasivos. En contra tienen un peor rendimiento y generan un rizado de corriente de alta frecuencia que precisa de ser filtrado con otro tipo de filtro.

Las particularidades de los **filtros activos** son:

- Sus características son muy flexibles; dentro de ciertos límites, se pueden adaptar a las frecuencias que deben ser filtradas. Pueden compensar corrientes o tensiones armónicas.

- Tienen un mayor costo comparado a los filtros pasivos.

- Es necesario protegerlos contra sobretensiones en la red.

- Tienen necesidad de un mantenimiento especial.

- Es difícil la construcción de un filtro de grandes proporciones y con una respuesta rápida.

Según la posición en donde vaya colocado, existen dos tipos de filtros: activo serie y activo paralelo:

Los **filtros activos serie** actúan como fuentes de tensión conectados en serie antes de la carga, proporcionando una muy alta impedancia a los armónicos y casi nula a la frecuencia de red.

Los **filtros activos paralelo** actúan como una fuente de corriente en paralelo con la carga, inyectando o absorbiendo corriente según sea necesario.

La ventaja de los **filtros serie** es que manejan una menor potencia, aunque producen ligeras distorsiones en la tensión.

Los **filtros paralelos** tienen la enorme ventaja de tener una gran modularidad, ya que pueden conectarse sin necesidad de cortar la línea, y además se pueden colocar varios módulos en paralelo para poder corregir los armónicos de cargas de mayor potencia.

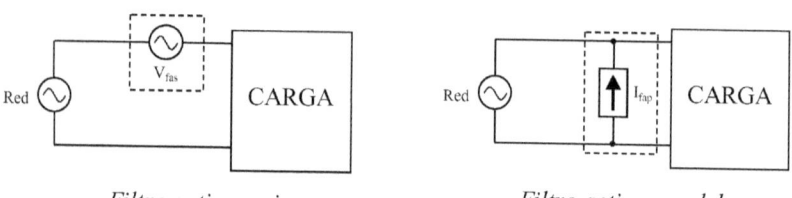

Filtro activo serie   *Filtro activo paralelo*

Filtro activo serie

El filtro activo serie suele situarse junto a un filtro pasivo, como se muestra en la siguiente figura:

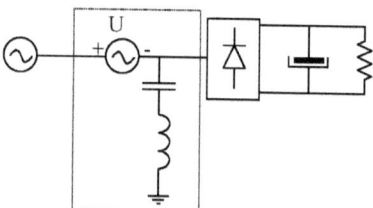

En este caso el filtro activo va a actuar como una impedancia en serie con la red, de forma que los armónicos circulen por el filtro pasivo, y se evita la aparición de una resonancia con la impedancia de la red.

Los filtros activos que actúe por sí solos, es decir, sin la necesidad de un filtro pasivo, deben tener una etapa de control encargada de medir la corriente que circula por la red, y en función de la forma de onda medida generará los pulsos que disparen los transistores del inversor de potencia.

En la siguiente figura se muestra una representación esquemática de este filtro.

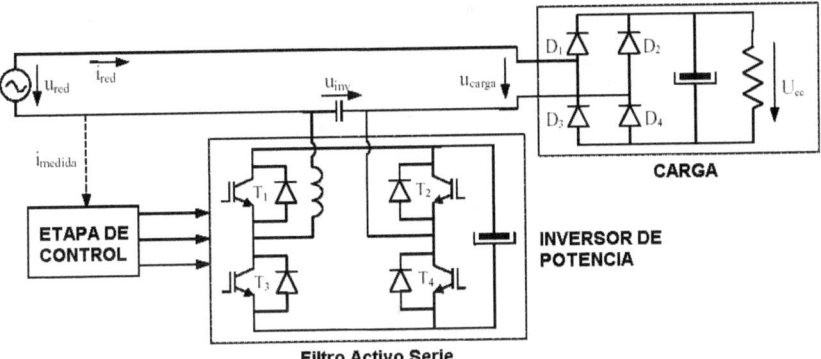

Filtro Activo Serie

El objetivo del filtro es obtener una corriente senoidal en fase con la tensión de entrada, así pues en todo instante se encuentra conduciendo un par de diodos del rectificador: cuando la corriente es positiva conducen los diodos D_1 y D_4, y cuando es negativa conducirán D_2 y D_3. Por tanto la tensión U_{carga} debe tener una forma de onda cuadrada como se muestra en b) de la siguiente figura, variando entre $+U_s$ y $-U_s$, que es el valor de continua obtenido en la carga.

La tensión que se debe aplicar a la salida del inversor será la mostrada en c) de la siguiente figura, y se calcula como la diferencia entre la tensión de la carga y la de la red.

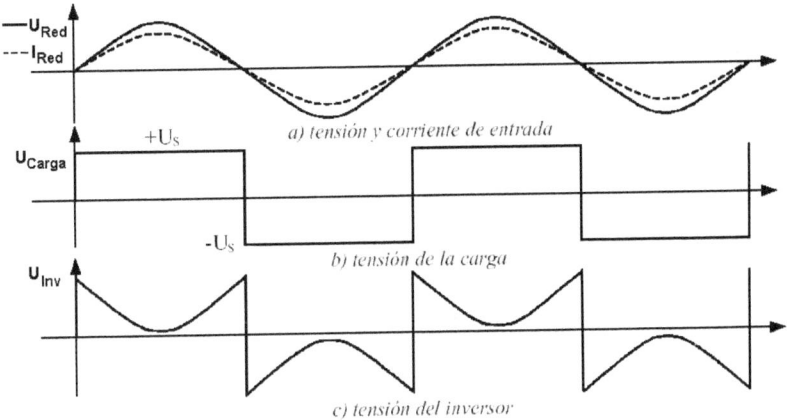

a) tensión y corriente de entrada

b) tensión de la carga

c) tensión del inversor

Filtro Híbrido

El **filtro híbrido** es un tipo de filtro combinación de los filtros activo y pasivo.

En este tipo de filtro se coloca el filtro pasivo para filtrar los armónicos más importantes y lograr así que el filtro activo maneje menor potencia y para filtrar las componentes de alta frecuencia que el filtro activo no puede eliminar.

La ventaja fundamental que presentan estos filtros es la combinación de la robustez de los filtros pasivos con el funcionamiento de los filtros activos, mejorando la fiabilidad del sistema.

Los filtros híbridos son empleados principalmente cuando existe la posibilidad de producir una resonancia entre el filtro pasivo y la línea, o en el caso de que el sistema esté sujeto a posibles reconfiguraciones.

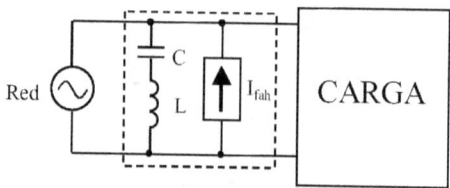

Ejemplo de filtro híbrido

Tipos de Filtros Activos Paralelos

Una de las topologías existentes usadas para la reducción de armónicos en la corriente de red es la de inversor de tensión como filtro activo paralelo.

Reductor de armónicas por continua (HR–DC: Harmonic Reductor) es un convertidor que colocado en paralelo con la red y la carga disminuye las armónicas que entrega la red. Esto se implementa mediante técnicas de control haciendo que el HR-DC funcione como fuente o sumidero de corriente para conformar de forma senoidal la corriente de línea. Su topología es como la indicada en la siguiente figura:

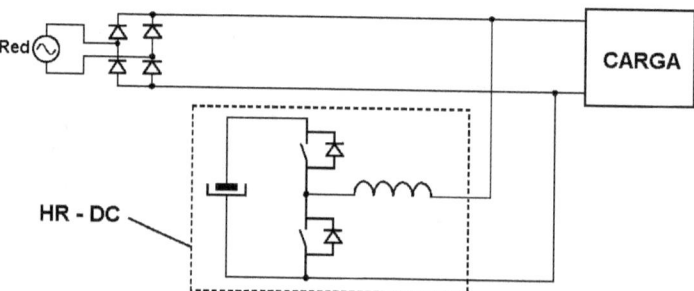

El convertidor tiene que funcionar como fuente de corriente, con lo cual la tensión de carga del capacitor tiene que ser superior a la tensión máxima de red.

Los interruptores se controlan de tal forma que la corriente por la red sea senoidal.

Cuando se quiere aumentar la corriente que entrega el HR se cierra el interruptor superior y como la tensión en el condensador es superior a la tensión de red, se inyecta de forma creciente una corriente al sistema. En cambio cuando se quiere que disminuya e incluso que invierta su corriente se tiene que cerrar el interruptor inferior. De esta forma se logra que la corriente por la red siga una referencia senoidal generada mediante acciones de control.

Es importante aclarar que no se pueden tener activos ambos interruptores simultáneamente porque se uniría el terminal positivo del condensador con el negativo produciendo un cortocircuito, con lo cual la forma de trabajo de los interruptores, debe ser complementaria, y dejando unos tiempos muertos desde la desconexión de uno a la conexión del otro para evitar el problema de solapamiento por colas de corriente.

Los diodos colocados en antiparalelo con los interruptores tienen la función de establecer un camino para que se cierre la corriente que circula por la bobina, ya que esta no puede ser cortada, ni cambiada de sentido de forma instantánea.

Reductor de armónicas por alterna (HR–AC) es un filtro activo paralelo conectado en el lado de la tensión sin rectificar y su funcionamiento es similar al HR-DC, pero en este caso se deben introducir dos interruptores más para permitir controlar tensiones negativas.

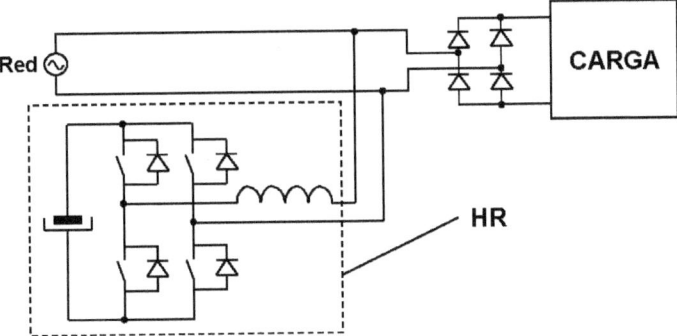

Reductor de armónicas trifásico (HR–Trifásico) es un convertidor que se coloca en paralelo con la red, con el fin de obtener una corriente senoidal de la red. Además, se puede hacer que la corriente reactiva que entrega la red sea nula, y también se puede efectuar el equilibrio del sistema en caso de que la carga sea desequilibrada.

Hay muchos tipos existentes, pero el más sencillo por la técnica de control que emplea es la configuración como inversor en puente completo trifásico con hilo de neutro.

En su funcionamiento cada rama del HR se controla de forma independiente al resto, ya que se tiene un punto común con la red que es el hilo de neutro. Para ello, se genera una señal de referencia senoidal igual en amplitud para cada fase, pero desfasadas 120° entre sí y mediante el control se hace que la corriente de línea siga a esa referencia.

Para un funcionamiento correcto, la tensión de cada capacitor del HR debe ser superior a la tensión máxima de la tensión de fase de red.

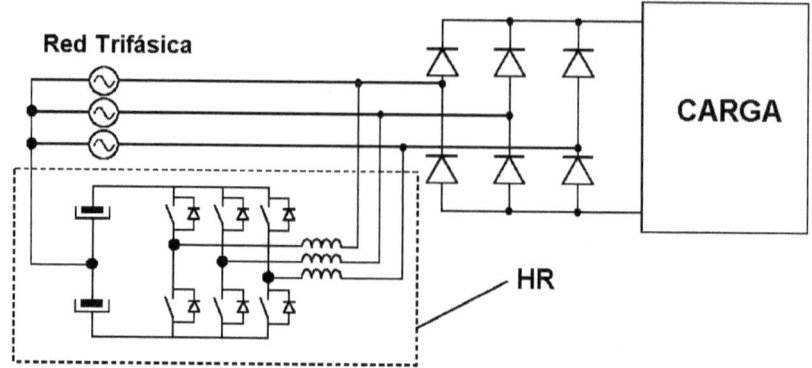

Cuando se quiere inyectar o aumentar corriente del HR hacia el sistema se disparan los interruptores superiores de la fase que corresponda, con lo cual se aplica tensión a la bobina tal que su corriente sea creciente hacia la carga, y cuando se quiere disminuir la corriente del HR hacia el sistema se disparan de forma análoga los interruptores inferiores, aplicando a la bobina una tensión de la misma magnitud a la aplicada anteriormente pero de sentido contrario.

Como las referencias generadas son iguales, se puede incluso equilibrar el sistema en caso de que la carga sea desequilibrada, esto trae como consecuencia que cada brazo del HR inyecte una corriente diferente al resto.

Clasificación de los filtros de armónicas

Los filtros pueden clasificarse en función de la frecuencia, en:

* **Filtros desintonizados o antirresonantes** (de rechazo)

* **Filtros sintonizados** (de absorción)

Filtros desintonizados o antirresonantes:

Están diseñados para presentar una frecuencia de resonancia por debajo de la menor armónica que ofrece el sistema (generalmente la 5°). El valor de frecuencia de desintonía se encuentra comprendido entre 179 y 223 Hz y se logra agregando un reactor de desintonía en serie con los capacitores de uso convencional. Dicho reactor elevará la tensión del capacitor por sobre la tensión de la red, siendo por lo tanto que la tensión nominal de éste deberá elegirse superior al valor resultante. El valor de la sobretensión en el capacitor dependerá del grado de desintonía elegido.

Este tipo de instalación tiene además un efecto parcial de filtrado permitiendo la reducción del nivel de distorsión armónica de tensión existente en la red, y este efecto es tanto mas importante a medida que la frecuencia de resonancia del filtro se aproxima a la frecuencia de resonancia armónica natural, dicho en otros términos cuanto mayor es el grado de desintonía menor será la absorción de armónicas. Un mayor efecto de absorción (grado de filtrado) siempre depende de la impedancia de corto circuito del sistema y la resistencia residual del circuito de filtrado.

Los filtros antirresonantes o de rechazo se recomiendan para todos los casos donde las cargas generadoras de armónicas se encuentran entre un 20 y un 50% de la carga total a compensar, dependiendo este rango del grado de distorsión que presenten las cargas no lineales.

Filtros sintonizados:

Estos filtros presentan una impedancia muy baja para la corriente armónica individual, derivando la mayor parte de la corriente distorsiva generada por las cargas no lineales, hacia el filtro y no hacia el suministro. El valor de frecuencia de resonancia en este caso, se encontrará siempre levemente por debajo de la armónica que se desea filtrar, aunque mucho mas próxima que en el caso de los filtros desintonizados. En estos casos es muy importante tener en cuenta el valor de la corriente armónica máxima que se desea filtrar, pues de ésta depende el dimensionamiento del reactor y de la tensión del condensador.

El dimensionamiento de este tipo de filtros, requiere por lo tanto un estudio más a fondo de las características de la instalación, las armónicas presentes y el objetivo de distorsión en barras al cual se quiere llegar.

Los equipos de filtrado, empleados en las instalaciones industriales y redes, permiten obtener las siguientes mejoras:

- Compensación de la potencia reactiva a la frecuencia fundamental para un factor de potencia especificado.

- Disminuyen el porcentaje de distorsión armónica total.

- Evitan fenómenos de resonancia, que surgirían al conectar capacitores sin protección contra armónicas.

- Disminución de pérdidas activas en cables y aparatos electromagnéticos por reducción de la tasa de distorsión total.

Elección del equipamiento más adecuado:

El primer aspecto a tener en cuenta, es cual es objetivo que se pretende mediante la incorporación de un equipo de corrección del factor de potencia y/o filtrado de armónicas, teniendo en cuenta las características del tipo de carga a compensar, habiendo efectuado previamente las tareas de medición de parámetros eléctricos y armónicas tanto de tensión como de corriente.

Para mejorar el factor de potencia, en instalaciones donde existen cargas distorsivas en un porcentaje inferior al 20% del total de cargas presentes, se pueden utilizar capacitores para uso interior, o para intemperie de servicios liviano y pesado y bancos de capacitores del tipo convencional, tanto fijos como automáticos.

En el caso que se supere el 20% de cargas no lineales, pero inferior al 50%, generalmente los filtros antirresonantes cumplen satisfactoriamente su función de compensadores del factor de potencia y al mismo tiempo reducen a niveles aceptables la distorsión armónica total, quedando a cargo del proyectista la evaluación del: grado de desintonía adecuado, la potencia del equipo de filtrado fijo, y la potencia del equipo de filtrado automático y el dimensionamiento de los escalones y pasos con que dispondrá.

Cuando las cargas no lineales superan el 50%, en la mayor parte de los casos se recurre a filtros sintonizados en los cuales el proyectista deberá efectuar un dimensionamiento "a medida", teniendo en cuenta los siguientes aspectos:

- Ordenes de armónicas, teniendo el filtro tantas ramas de filtrado como armónicas se quiera filtrar.

- Valor máximo de corrientes armónicas a filtrar, discriminando su orden.

- Valor máximo de la tasa de distorsión requerida, recurriendo a un análisis mediante simulación de cargas, teniendo en cuenta las mediciones efectuadas.

Filtros antirresonantes fijos y automáticos

En la actualidad los **filtros fijos** están equipados con:

- Capacitores antiexplosivos, autorregenerable, con sistema de protección por sobre presión y resistores de descarga incorporados.

- Reactores antirresonantes trifásicos, construidos con chapa de acero magnético de bajas pérdidas, secados e impregnados con resina al vacío.

- Contactores equipados con relevo térmico.

- Fusibles de alta capacidad de ruptura para protección contra cortocircuitos.

- Gabinete adecuado para el grado de protección exigido por las condiciones ambientales donde el equipo será instalado.

- Cableado, barreado, morsetería de interconexión, forzadores de aire para ventilación, accesorios, etc.

Los **filtros automáticos** están equipados con los mismos elementos, y además con:

- Relé varimétrico, que es un controlador del factor de potencia microprocesado, con display indicador del cos φ y otras magnitudes eléctricas, fácilmente programable desde el frente del equipo.

B. Sistemas de corrección universales

Se denominan **Sistemas de Corrección Universales** a los correctores de red que utilizan componentes electrónicos de potencia y son capaces de corregir prácticamente la totalidad de las perturbaciones.

B – 1. Sistemas de alimentación ininterrumpida (UPS):

Los más comunes sistemas de corrección universal son los sistemas de alimentación ininterrumpida (UPS – Uninterruptible Power Supplies).

Son los equipos que mejor contrarrestan las perturbaciones de la red, y su característica específica es su capacidad para mantener la alimentación de la carga en ausencia de la energía de la red durante un cierto tiempo o autonomía, que puede variar entre 10 minutos y varias horas.

Hay dos tipos de UPS:

- **UPS en línea** ("on line"). En él la carga es alimentada por la línea rectificador-inversor y la carga de la batería se mantiene por la acción del primero. Posee un "by-pass" o conmutador a red que, en caso de fallo del inversor, conecta la carga a dicha red (ver siguiente figura).

  ✦ **UPS fuera de línea** ("off-line") o en espera. En este tipo de UPS la red alimenta normalmente la carga y, cuándo aquélla falla, pasa a ser alimentada por el inversor. La diferencia fundamental con el anterior es que la carga se encuentra alimentada por la red en condiciones normales y, por lo tanto, recibe la misma calidad que tiene ésta.

Esquema simplificado de UPS en línea

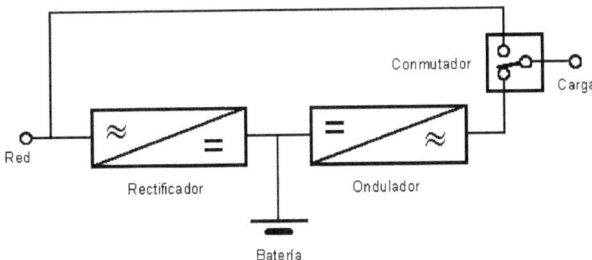

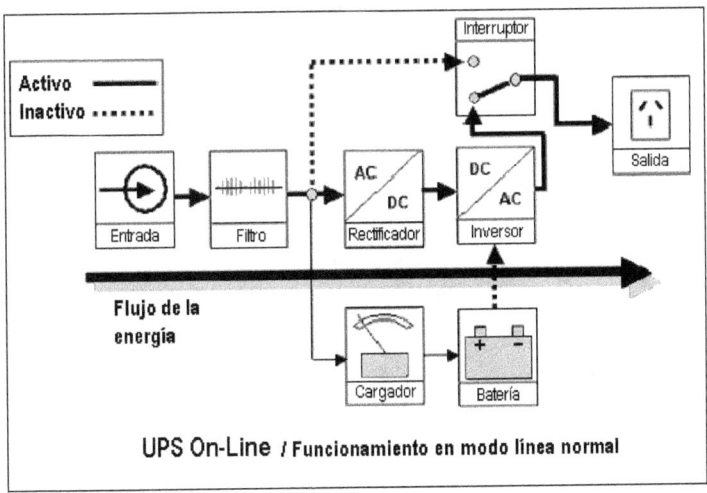

UPS On-Line / Funcionamiento en modo línea normal

UPS fuera de línea

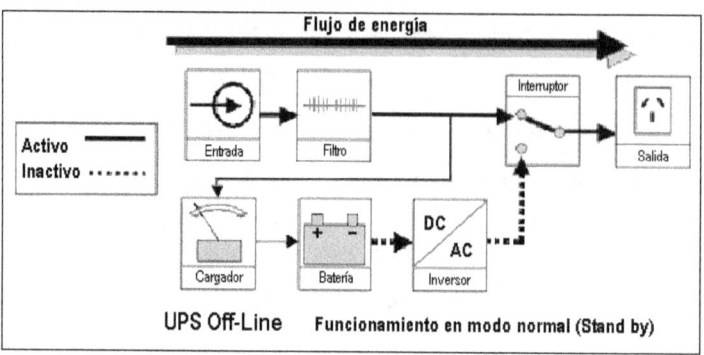

UPS Off-Line   Funcionamiento en modo normal (Stand by)

B – 2. Generadores o Grupos Electrógenos

Los grupos electrógenos solucionan los cortes del suministro eléctrico por periodos largos de tiempo. Pueden interactuar con las UPS.

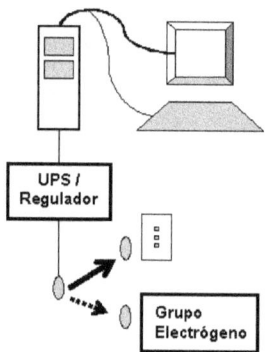

Los modelos más usados son propulsados con motores Diesel.

B – 3. Acondicionadores de red

La función de estos dispositivos es corregir las perturbaciones en tensión y en corriente. Están constituidos por una fuente de tensión en serie con la red que se encarga de corregir las perturbaciones de la tensión de alimentación, y una fuente de corriente en paralelo, que corrige las perturbaciones de corriente generadas por las cargas no lineales.

Se llaman **filtros activos de tensión** los que únicamente efectúan la corrección de tensión. Como se puede observar en la siguiente figura, la fuente de tensión se encuentra en serie con la red, aportando el valor necesario en cada instante para obtener la tensión deseada.

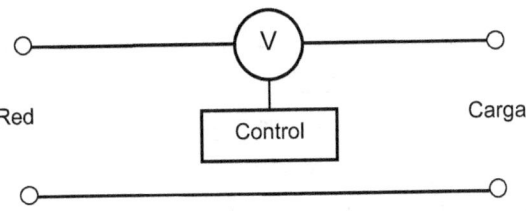

Esquema de un filtro activo de tensión

Se denomina **filtro activo de corriente** a los que eliminan las corrientes armónicas producidas por los receptores.

Están formados por fuentes de corriente conectadas en paralelo con la carga. Generan una corriente distorsionada que, sumada a la que absorbe la carga, hace que la red registre un consumo de forma senoidal.

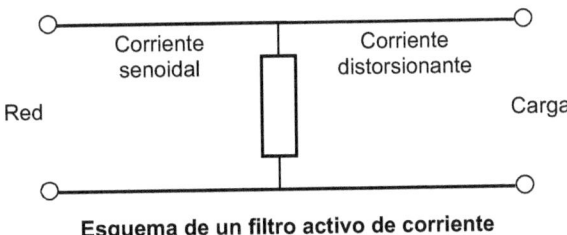

Esquema de un filtro activo de corriente

Consideraciones finales

La elección del sistema de corrección más adecuado exige un estudio particular de cada caso concreto, ya que cada tipo de emisión de perturbaciones generalmente demanda soluciones definidas.

Para la elección debe tenerse en cuenta el costo inicial del dispositivo y otros factores, como el mantenimiento, la confiabilidad, el rendimiento, etc., que tienen una gran influencia en el resultado final.

La siguiente Tabla muestra en forma orientativa una comparación de diferentes sistemas de corrección, utilizando como parámetro de referencia su rendimiento energético.

Es importante destacar que en algunos casos hay que combinar varios dispositivos para conseguir el objetivo fijado. Por ejemplo, es necesario instalar filtros de armónicas juntos a los UPS, porque estos últimos generan armónicas.

Rendimiento energético en % de algunos sistemas de corrección

Sistema corrector	1 kVA	10 kVA	100 kVA
Supresor	100	100	100
Filtro de radiofrecuencias	98	99	100
Transformador de ultra aislamiento	92,5	97,7	98,5
Estabilizador de tomas con autotransformador	97,7	98,5	99
Estabilizador de tomas con transformador	94,5	97	98
Estabilizador por divisor inductivo	85	89	-
Estabilizador ferro resonante	80	-	-
UPS fuera de línea (muy variable según modelo)	96	98	-
UPS en línea	75	85	91

Selección del Punto de Suministro

Selección del Punto de Suministro

El Punto de Suministro (PS) es el punto de la red de distribución primaria o secundaria en el que se intenta conectar la carga de un abonado.

El término abonado se interpreta de forma distinta a niveles de transporte y distribución:

- En un Sistema de Transporte, el abonado puede ser una empresa de distribución o una carga conectada directamente a dicho sistema.

- En Sistemas de Distribución, normalmente de naturaleza radial, el PS será la barra colectora que alimenta varios abonados, bien directamente o a través de líneas de distribución.

En ocasiones, dentro de un complejo industrial el término PS se usa para definir el punto de conexión entre las cargas no-lineales y las lineales.

La correcta selección del PS es uno de los factores determinantes para disminuir tanto los efectos que producen las cargas perturbadoras sobre la red, como los de las perturbaciones que transmite la red sobre las cargas que son sensibles a ellas.

Esta medida sólo puede adoptarse cuando se trata de una instalación que va a ser conectada por primera vez a la red de alimentación eléctrica, pero en cualquier caso, debido a su gran importancia, debería ser tenida en cuenta desde la ejecución del proyecto de la instalación.

El PS debe de ser tomado en consideración preferentemente en aquellas instalaciones que disponen de un equipamiento singular, ya sea por su especial sensibilidad a posibles perturbaciones (equipos de control automático, computadoras, variadores de velocidad para motores, etc.) o por su capacidad de ser emisores de las mismas (rectificadores, hornos de arco e inducción, grandes motores, etc.).

Los usuarios que necesiten realizar este tipo de instalaciones, deberían aportar la información precisa a la empresa suministradora para que ésta pueda seleccionar el PS que mejor satisfaga a sus intereses, teniendo en cuenta los requerimientos de calidad del suministro necesarios para el tipo de equipamiento que se va a instalar y las condiciones de compatibilidad que se deben cumplir en la red.

La información mínima que se debería proporcionar a la empresa suministradora de energía eléctrica para que pueda realizar el estudio correspondiente es:

- Datos de identificación del suministro.

  ✦ Localización geográfica.

  ✦ Fecha de entrada en servicio.

  ✦ Tipo de industria.

- Características técnicas del suministro eléctrico.

  ✦ Tensión.

  ✦ Previsión de curvas de consumo.

  ✦ Factor de potencia.

- Características técnicas de los receptores especiales.

  ✦ Grandes motores.

  ✦ Sistemas de control automático.

  ✦ Grupos rectificadores.

  ✦ Hornos de arco e inducción.

  ✦ Equipos de soldadura.

  ✦ Sistemas de compensación de reactiva.

Para las instalaciones que son sensibles a las perturbaciones, el estudio se debería basar en los siguientes criterios:

- Si son inmunes a los niveles de perturbación habitualmente existentes en el PS, se debería aceptar su conexión.

- En caso contrario, se debería buscar una solución alternativa en base a posibles medidas de inmunización, ajuste de protecciones, mejora de la calidad del suministro, etc.

- Si, a pesar de todo, no se consiguiere una solución satisfactoria, se debería analizar la elección de otro PS.

Para las instalaciones que son potencialmente perturbadoras, el estudio se debería basar en los siguientes criterios:

- Estimar si el nivel de perturbación general de la red, una vez que se conecte el nuevo usuario, se mantiene dentro de valores aceptables. Si es así, se debe aceptar automáticamente su conexión. Esta estimación se podría realizar mediante una serie de algoritmos que tienen en cuenta las características de la red y de las instalaciones de los demás clientes que están conectados a ella.

- En el caso de que el nivel de perturbación general de la red vaya a rebasar los límites aceptables, se debería estudiar soluciones que permitan reducir el nivel de emisión de las instalaciones del nuevo usuario basadas en filtros, incremento de la S_{cc}, etc.

- Si, a pesar de todo, no se consiguiere reducir el nivel de emisión suficientemente, se debería estudiar la elección de otro PS.

Realidad

La forma en que se define la presencia de armónicas ejerce una influencia directa en los deberes y derechos de los suministradores y consumidores de energía.

Las normativas existentes pretenden reducir los efectos de los armónicos en todo el sistema, estableciendo límites para ciertos índices relacionados con la tensión o la corriente.

Los índices armónicos han de tener sentido físico y reflejar la importancia de los efectos causados.

Debe ser posible determinar, mediante medidas adecuadas, si se respetan los límites de los índices armónicos, teniendo que ser, suficientemente, sencillas a fin de ser útiles en la práctica.

Los parámetros de mayor interés son las distorsiones individual y total de la tensión y de la corriente.

El uso de límites absolutos de corriente armónica para abonados individuales podría ser considerado como el más adecuado, independientemente, de la capacidad de cada abonado; sin embargo, este criterio puede ser considerado injusto para un abonado grande, conectado a un PS junto con varios pequeños, al no tener en cuenta la potencia contratada por cada uno.

Si por el contrario, el límite se especifica teniendo en cuenta la proporción de carga no-lineal instalada por cada abonado, esta alternativa puede ser considerada poco restrictiva, particularmente, si el abonado importante tiene muy poca carga distorsionante.

Si los límites se expresan en términos de armónicos de tensión en el PS, los abonados conectados a un PS fuerte tienen gran ventaja sobre los que están conectados a un sistema débil. La adopción de límites de armónicos de tensión también puede obligar a nuevos abonados, cuando el nivel de distorsión es alto, a instalar circuitos adicionales costosos, como condición para su conexión; este criterio se conoce como "al que primero llega, primero se le sirve".

En general, se desconoce, en la mayoría de los casos, el nivel de inmunidad de los equipos eléctricos y electrónicos a la presencia de armónicos. Existe la evidencia, de que los aspectos más problemáticos son las sobrecargas en capacitores, particularmente, en condiciones de resonancia, y las interferencias en comunicaciones, especialmente, en redes telefónicas.

Al considerar el tipo y características de los límites a adoptar hay que tener en cuenta los problemas que presentan los distintos tipos de carga. Así hay sistemas que contienen numerosas cargas distorsionantes de pequeña potencia, otros son grandes consumidores que generan un alto contenido armónico, y muchos otros receptores, están entre estos dos extremos.

Entre los sistemas distorsionantes de pequeña potencia se encuentran las cargas domésticas; cada una contiene lámparas de arco, interruptores de iluminación regulable y electrodomésticos. El control de la generación de armónicos para cargas de tipo doméstico está regulado por los Entes Reguladores.

Los efectos de los armónicos dependen de la inmunidad de los equipos afectados y, por tanto, su importancia no está totalmente relacionada con algunos índices sencillos. Además, las características del circuito suministrador, visto desde el PS, no se conocen con precisión; por lo tanto, una adhesión estricta a los límites recomendados, no elimina necesariamente los problemas.

En general, cuando se introducen modificaciones en el sistema, se requiere un nuevo estudio. Es conveniente que periódicamente se realicen medidas para determinar si los niveles armónicos en el PS y en los puntos de utilización no son excesivos y, en particular, que los capacitores de corrección del factor de potencia y los filtros no estén sobrecargados.

17

Medición de las Perturbaciones

Mediciones de las Perturbaciones

"Sólo lo que se mide, se puede manejar"

Introducción

Un aspecto esencial para poder estudiar cualquier red eléctrica es el de disponer de instrumentos capaces de medir y registrar los principales parámetros de la misma.

En efecto, las mediciones son necesarias para:

- que el Operador conozca el estado del sistema eléctrico,

- poder controlar la calidad del suministro,

- cuantificar la energía consumida,

- controlar los máximos consumos o de punta,

- conocer si ha habido interrupciones y cuando se han producido, etc.

La gama de instrumentos disponibles para medir los parámetros de la red van desde los clásicos indicadores de aguja, pasando por los indicadores digitales, hasta llegar a los de última generación, llamados **"analizadores de red"**, que permiten no sólo medir, sino registrar datos de tensión, corriente, potencias, energía consumida, etc., y capturar las perturbaciones con sistemas más o menos sofisticados.

La posibilidad de registrar y capturar determinados eventos es esencial para poder disponer de datos a la hora de diagnosticar un problema.

Las características básicas que se exigen a los Analizadores de Red de última generación son las siguientes:

- Medida simultánea de la tensión y corriente en las tres fases y en el neutro. Esto supone la medida en 8 canales.

- Frecuencias de muestreo relativamente bajas. Una velocidad de muestreo de 128 muestras/ciclo es adecuada.

- Transductores para la tensión y la corriente aislados de la red, con una clase de precisión mejor que 0,2%. Un conversor analógico-digital con una resolución de 12 bits, permite obtener instrumentos clase 0,2 en tensión y corriente.

- Calcular los parámetros básicos derivados de las tensiones y corrientes.

- Calcular los parámetros específicos de calidad, básicamente: variaciones de tensión, interrupciones de suministro, armónicos, factores de desequilibrio y flicker.

- Registrar promedios, mínimos y máximos, y clasificaciones estadísticas de todos los parámetros en determinados intervalos de tiempo.

- Capacidad de captura y registro de determinados eventos como: picos, huecos, saltos bruscos de tensión y perturbaciones de alta pendiente dV/dt.

- Disponer de memoria suficiente para almacenar todos los datos durante tiempos largos (1 mes se considera ideal para sistemas portátiles, aunque las necesidades de memoria son muy altas).

Todas estas exigencias, una a una son fáciles de conseguir con un instrumento digital equipado con un microprocesador potente, pero el hecho de conseguirlas juntas plantea serias dificultades de velocidad de cálculo y de capacidad de almacenamiento.

La tecnología actual permite capturar datos de forma muy precisa y almacenarlos en grandes cantidades, pero el problema es que si se registran datos de todos y cada uno de los ciclos de red y se almacenan, tal cantidad de información resulta excesiva y no ayuda al Operador del sistema eléctrico a diagnosticar las posibles deficiencias.

Un buen Analizador de Red, es el que da la información necesaria, de la forma más clara y compacta posible. El problema consiste en "como compactar datos sin perder información esencial".

Es evidente entonces, que un sistema que pretenda medir y registrar la calidad de red no puede registrar las formas de onda de todos y cada uno de los ciclos, pues esto supondría ocupar tal cantidad de memoria que resulta impracticable.

Para hacerse una idea basta indicar por ejemplo que la medida de las tres fases de tensión, más la tensión neutro-tierra (4 canales), con un instrumento digital a razón de 128 muestras por ciclo, en una red de 50 Hz, y suponiendo que cada muestra ocupa 2 bytes, supone tener que registrar 51.200 bytes por segundo. Evidentemente, si se pretende poder registrar la calidad durante períodos largos, digamos de un día o de una semana, como suele ser habitual, hay que buscar alguna forma de comprimir estos datos.

A pesar de ello, para diagnosticar determinados eventos haría falta detectar detalles a nivel de ciclo y poder medir simultáneamente las corrientes de las tres fases más el neutro, es decir 4 canales más. Todo ello origina un problema de cómo compactar datos y al mismo tiempo poder recuperar detalles o comportamientos singulares, fuera de tolerancias.

Instrumentos

Hay cuatro tipos de herramientas de medida que se pueden encontrar hoy en día en el mercado, y que se pueden dividir en dos grupos:

- Instrumentos que basan su medida en el cálculo del **valor medio**

  ✦ Multímetros y pinzas amperométricas de valor medio.

- Instrumentos que calculan el **valor eficaz verdadero** (True RMS - Root Medium Square = raíz cuadrática media) de la señal.

  ✦ Multímetros y pinzas amperométricas de verdadero valor eficaz.

  ✦ Equipos de visualización de la forma de onda de la señal.

  ✦ Equipos de medida y análisis de armónicos, y otros parámetros relacionados con la calidad de la señal.

Básicamente son cuatro tipos de equipos y, dependiendo del fabricante, hay incluso equipos que integran en una sola herramienta un multímetro, un osciloscopio y un medidor de armónicos, lo que es importante a la hora de realizar inversiones efectivas.

O sea, los tipos de instrumentos habitualmente empleados son varios:

- Multímetros.

- Osciloscopios.

- Perturbógrafos o Analizadores de Perturbaciones.

- Analizadores de Espectro y Analizadores de Armónicas.

- Instrumentos combinados para Análisis de Perturbaciones y de Armónicas.

Los **instrumentos térmicos** de **verdadero valor eficaz** (TRMS) miden el calor producido por una resistencia. El inconveniente en su uso es que demoran mucho tiempo en alcanzar el valor a medir.

Con **instrumentos analógicos** también se pueden medir verdaderos valores eficaces, pero tienen el inconveniente de también ser lentos y no ser sencillos.

Los **instrumentos electrónicos** utilizan microprocesadores para medir los verdaderos valores eficaces. Para ello, a la señal de entrada la muestrean a muy alta velocidad que puede llegar a ser de 100 veces la mayor frecuencia armónica. Por ejemplo, para medir una señal armónica de orden 20 (frecuencia de 1000 Hz) la frecuencia de muestreo debe de ser aproximadamente de 100.000 veces por segundo.

Frecuencia de Nyquist: "La frecuencia de muestreo mínima necesaria para la representación exacta de una señal, debe ser mayor al doble de la que tiene la componente de más alta frecuencia".

$$f_{muestreo} > 2 \times f_{máxima}$$

Multímetros

Para efectuar mediciones rápidas de los niveles de tensión y/o corriente en una instalación, o sea verificar las sobrecargas de circuitos, problemas de caídas de tensión, sobretensión y balances entre circuitos, se utiliza un **multímetro**.

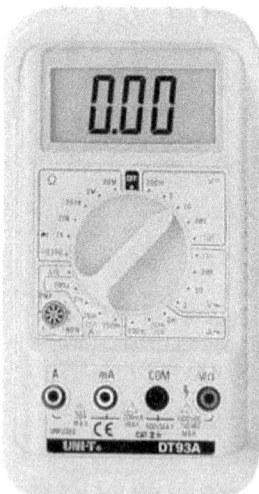

En estos instrumentos se debe tener especial cuidado con el método de cálculo que emplea en la medición, porque generalmente las escalas están calibradas para leer el valor eficaz de la señal medida, pero hay distintos métodos para calcular este valor:

- <u>Valores Pico</u>: El medidor mide el valor pico de la señal y lo divide por 1,414 (raíz cuadrada de 2) para obtener el valor eficaz.

- <u>Valor Medio</u>: El instrumento calcula el promedio de los valores de la señal rectificadas. El valor medio de una señal sinusoidal pura se relaciona al valor eficaz por la constante k =1,11. Esta relación no es cierta para otras forma de onda, como se vio en el Capítulo 2.

- <u>Valor eficaz verdadero</u>: El valor eficaz verdadero de una señal es la medición del calentamiento de una carga resistiva a la que se le aplica una tensión. Esta medición se puede hacer con un detector térmico. Los instrumentos digitales actuales miden el valor eficaz verdadero calculando la raíz de los valores de muestreo, luego promediándolas en un período, y después calculando la raíz cuadrada del resultado.

Los tres métodos dan el mismo resultado para una señal sinusoidal pura, pero tienen muchas diferencias cuando se trata de señales distorsionadas, por ello es muy importante emplear los instrumentos adecuados para realizar la medición de magnitudes distorsionadas, ya que estas son comunes en cualquier tipo de instalación.

Para una mejor comprensión, en la siguiente tabla se muestran: distintos tipos de ondas, de instrumentos de medida y los errores que pueden cometer.

Tipo de Instrumento	Onda Senoidal	Onda Cuadrada	Onda Pulsante	Onda Triangular	Regulador de iluminación
Valor pico	Correcta	18% menos	84% más	21% más	13% más
Valor medio	Correcta	10% más	40% menos	4% menos	16% menos
Valor TRMS	Correcta	Correcta	Correcta	Correcta	Correcta

Multímetros y Pinzas Amperométricas – Valor Medio

Los instrumentos portátiles de valor medio son los más utilizados para los trabajos de mantenimiento en las instalaciones eléctricas residenciales, en los edificios comerciales y en las plantas industriales.

Estos multímetros y pinzas amperométricas fueron diseñados hace mucho tiempo, cuando prácticamente todas las cargas eran lineales y no se detectaba la presencia de componentes armónicas distorsionantes de las ondas de tensión y corriente. En la actualidad, siguen apareciendo nuevos modelos que sólo sirven para medir las señales sinusoidales puras con la precisión establecida por los fabricantes, porque cuando la onda es distorsionada la medida que indica el instrumento puede ser muy distinta al verdadero valor eficaz de la señal que se esta midiendo.

El error que cometen se debe a que estos instrumentos usan la relación existente entre el valor eficaz y el valor medio en medio período para calcular el valor eficaz de la señal. Siempre usan como **Factor de Escala** a 1,11 que corresponde al valor medio de la señal rectificada, pero este sólo es válido cuando la señal es sinusoidal, o sea, cuando el **Factor de Cresta** es 1,414 y el **Factor de Forma** es 1,11.

El circuito de entrada que utilizan los **instrumentos de valor medio** para calcular el verdadero valor eficaz de la señal alternada es como el siguiente:

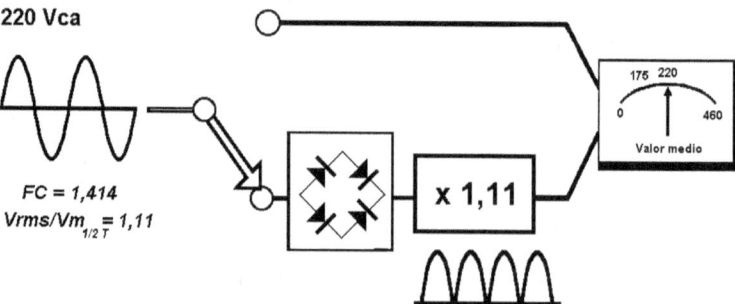

Con el conmutador puesto en la posición de corriente alternada, la señal de entrada es rectificada por un puente de diodos, luego un circuito la multiplica por un Factor de Escala constante igual a

1,11 y por último otro circuito calcula el valor medio. El instrumento va a indicar el valor eficaz si la señal es sinusoidal pura de cualquier frecuencia.

Estos son los tipos de medidores más comunes, porque son muy económicos, y sirven para medir correctamente tensiones y corrientes sinusoidales en rangos de frecuencias que van de 40 o 45 Hz hasta 100 o 200 kHz. Estos límites se deben a que en este rango los diodos responden al valor medio, mientras que para frecuencias altas comienzan a tener un comportamiento capacitivo y el valor rectificado es menor.

Cuando la señal esta deformada estos instrumentos realizan mediciones erroneas que pueden llegar a ser importantes. Por ejemplo, en la siguiente figura se tiene una señal de 220 Vca eficaces, con un Factor de Cresta de 2,675 y un Factor de Forma de 2,1; el instrumento indicaría 116,3 Vca, o sea estaría cometiendo un error de casi el 53%.

220 Vca x (1,11 / 2,1) = 116,3 Vca

(116,3 / 220) x 100 = 52,9%

Por este motivo, por ejemplo, se pueden fundir fusibles de I_n = 15 A mientras se esta midiendo una corriente de 12 A, cuando en realidad estarían circulando 18 A.

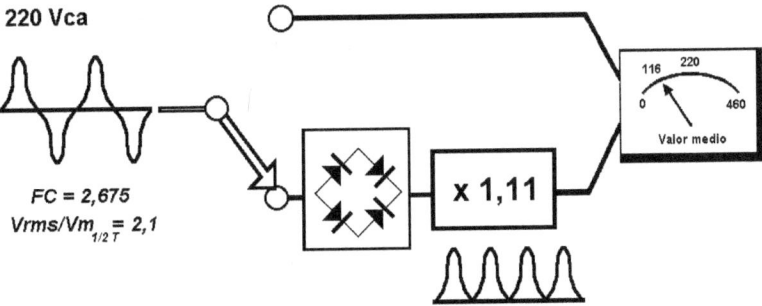

Multímetros y Pinzas Amperométricas de Verdadero Valor Eficaz - TRMS

Estos instrumentos tienen por objeto medir el verdadero valor eficaz de las señales deformadas, o sea con componentes armónicas.

La forma de realizar la medición puede ser por aplicación de la fórmula matemática del valor eficaz vista en el Capítulo 2, o calculando el calentamiento efectivo de una resistencia.

Algunos instrumentos de precisión, que son usados como calibración o referencia de otros más simples, utilizan termocuplas para medir el verdadero valor eficaz, en un rango de frecuencias de aproximadamente 2 Hz hasta 100 MHz.

Generalmente los instrumentos TRMS tienen circuitos conversores mucho más complejos y costosos que los de valor medio, pero son más precisos y permiten medir el verdadero valor eficaz de cualquier señal alternada: sinusoidal pura, triangular, cuadrada, distorsionada, o incluso alternada con continua superpuesta.

Estos aparatos tienen muchas prestaciones, como los de valor medio, y pueden medir tensión y corriente de continua o alterna, valores eficaces y pico, resistencia, conductancia, frecuencia, capacitancia, temperatura, ganancia en decibeles, probadores de semiconductores, etc.

Incluso, en algunos casos, pueden conectarse a una computadora para luego procesar las mediciones realizadas.

En la siguiente figura se muestra un circuito de entrada de un instrumento TRMS, él que sirve para cuantificar el efecto térmico que produce la corriente alternada.

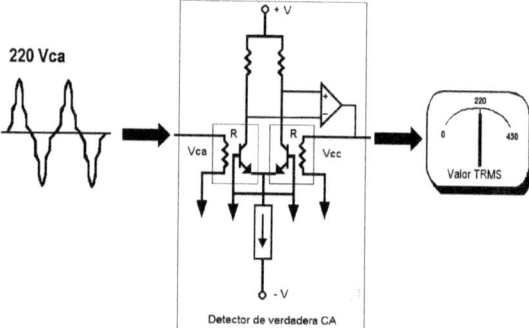

Este circuito trabaja con dos transistores aparareados y un amplificador operacional. Éste último entrega una señal de continua equivalente al verdadero valor eficaz de la alterna, cuando el calentamiento producido por las señales de continua y de alterna es equivalente.

Ancho de Banda del medidor

Como se ha mencionado al tratar los instrumentos de valor medio y TRMS, los medidores no sirven para trabajar con cualquier frecuencia y tienen un determinado ancho de banda, o sea el rango de frecuencias de la señal para las cuáles son capaces de realizar medidas confiables. Las respuestas en frecuencia de los medidores son como se muestra en la siguiente figura.

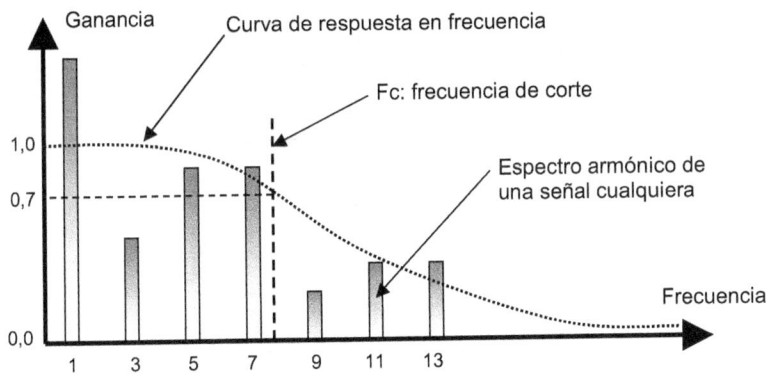

Curva de respuesta en frecuencia de un medidor y espectro armónico de una señal deformada

De acuerdo con esta curva, el instrumento se comporta como un filtro pasa bajos, o sea deja pasar las bajas frecuencias, y atenúa o no deja pasar las frecuencias más altas.

El **Ancho de Banda** de un medidor es el rango de frecuencias que puede aceptar, desde la más baja, que puede ser corriente continua, hasta la **Frecuencia de Corte**, que es aquella en la que la atenuación de la señal de tensión o corriente es del 30%.

Si un instrumento TRMS tuviera un ancho de banda de 50 Hz sería similar a uno de valor medio, porque atenuaría a las componentes armónicas. Por este motivo, este parámetro es de mucha importancia en el momento de elegir un medidor.

En el espectro armónico de la señal mostrada en la figura anterior, el medidor tiene una frecuencia de corte inferior a los 400 Hz, lo que significa que las componentes armónicas superiores al orden 7 serían fuertemente atenuadas o no pasarían.

En la actualidad, para realizar mediciones confiables en todo tipo de instalaciones con cargas no lineales, los instrumentos deben poder medir por lo menos hasta las armónicas de orden 20, o sea hasta 1 kHz.

Conclusión de los Multímetros y Pinzas Amperométricas: Valor Medio y TRMS

En la actualidad existen cargas no lineales en todas las instalaciones eléctricas, ya sean residenciales, comerciales, industriales, de alumbrado público, etc. Todos los instrumentos de valor medio no son aptos para realizar mediciones en esta condiciones, porque como se ha visto, pueden llegar a cometer errores de hasta un 40%, lo que es absolutamente inadmisible si se pretende hacer un trabajo serio.

La solución es usar instrumentos que estén claramente identificados como TRMS, o sea, midan el verdadero valor eficaz de ondas distorsionadas.

Osciloscopios - TRMS

Los osciloscopios se desarrollaron originalmente como sistemas de graficación mediante el uso de un tubo de rayos catódicos, los que muestran en una pantalla la forma de onda de una señal permitiendo medir sus parámetros característicos. Por ser aparatos voluminosos, pesados y alimentados con BT su uso estaba limitado a lugares fijos.

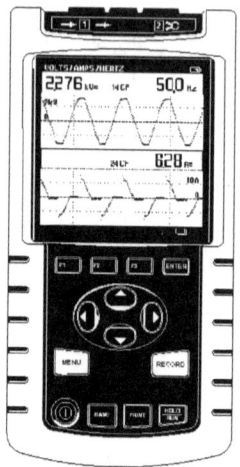

Pero desde hace algunos años se han desarrollado osciloscopios portátiles, e inclusive de mano, fáciles de usar y alimentados a baterías. Estos aparatos tienen muchas prestaciones y son herramientas útiles para realizar análisis temporal de señales, con anchos de banda que permiten detectar fenómenos repetitivos rápidos y fenómenos transitorios, además de realizar todas las mediciones de los multímetros y de almacenar los valores medidos como registradores.

Por ejemplo, el analizador portátil Fluke 43B puede realizar las siguientes mediciones y registros: valores eficaces y de pico de tensión y de corriente; tensión y corriente simultáneamente, resistencia, temperatura, capacidad, potencias monofásicas y trifásicas, armónicas de tensión y de corriente hasta de orden 51, carga en transformadores, factor K, factor de potencia, corriente de arranque de motores.

Permite además: visualizar las ondas de consumo de corriente o de tensión de las cargas; comprobar desequilibrios de tensión y desequilibrios de corriente; realizar pruebas de continuidad y de diodos; localizar averías en los sistemas eléctricos; detectar transitorios; hacer el seguimiento de las fluctuaciones rápidas de tensión; guardar e imprimir pantallas; generar informes; registrar armónicas a lo largo del tiempo, etc.

La información que estos equipos son capaces de presentar son múltiples, pero así también sus precios son muy superiores a los de un simple multímetro.

Por ejemplo, se da a continuación una idea de relaciones de precios:

- Multímetro portátil digital de valor medio ≅ U$S 30

- Multímetro portátil digital TRMS ≅ U$S 250

- Analizador portátil Fluke 43B ≅ U$S 3.500

Medidores de componentes armónicas

Hay instrumentos para mediciones específicas de distintos tipos de perturbaciones como los medidores de armónicas, los que pueden ser de distintas formas según su uso.

En la figura adjunta se muestra un dispositivo para panel (96x96 mm) con una pantalla que permite visualizar hasta 8 parámetros eléctricos a la vez y en todo momento el porcentaje de carga por fase.

En general, los medidores de componentes armónicas miden todos los parámetros relacionados con los armónicos, como el orden, la frecuencia, el valor eficaz de cada armónico y la distorsión total armónica.

Flickérmetro

Las fluctuaciones de tensión se pueden analizar con un aparato de medida: el Flickérmetro de la UIE (Unión Internacional de Electrotecnia).

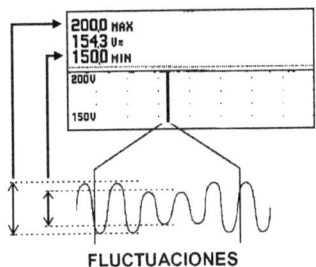

FLUCTUACIONES

La norma IEC 868 describe las especificaciones funcionales de este aparato que son las siguientes (ver el diagrama en bloques):

- adaptación de la tensión de entrada (bloque 1)

- simulación de la respuesta lámpara - ojo - cerebro o cálculo del flicker instantáneo (tensión a la salida del bloque 4)

- cálculo de la Dosis de flicker (salida 4)

- opcionalmente, valoración estadística del nivel de flicker; cálculo de la Función de Probabilidad Acumulada, P_{st} y P_{lt} (bloque 5).

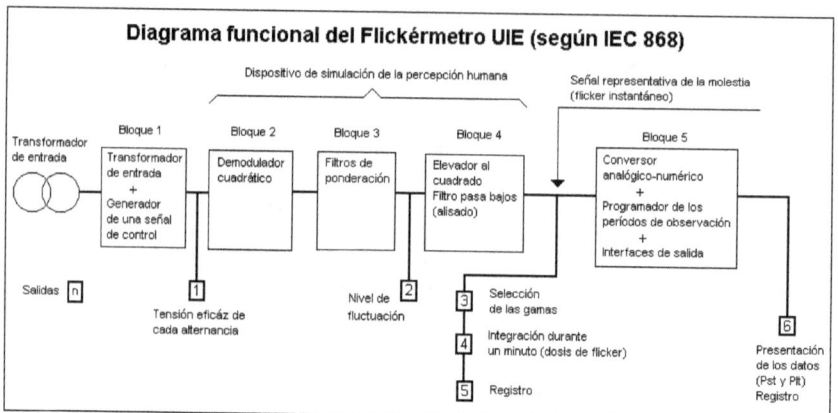

Los flickérmetros suministran un gran número de parámetros distintos de medidas o de análisis: valor eficaz de la señal, sensación de flicker instantáneo, dosis de flicker por minutos, análisis estadístico, cálculo de Función de Probabilidad Acumulada, cálculos de los valores P_{st} y P_{lt} (niveles de severidad del flicker de corta y larga duración), etc.

Medición y evaluación del Flicker

Este problema depende, fundamentalmente, del grado de irritación que afecta a las personas cuando se producen variaciones de la intensidad luminosa de las lámparas sometidas a fluctuaciones bruscas de la tensión de la red.

Depende de la operación de los consumidores y del nivel de cortocircuito de la red.

Los dispositivos desarrollados en distintas partes del mundo detectan las fluctuaciones de tensión, en frecuencias de 0,5 a 30 Hz, y calculan un promedio ponderado de esas fluctuaciones dando una evaluación de la dosis de flicker que puede ser molesta.

Hay distintos métodos para realizar la medición del flicker:

- Medidas comparativas con perturbaciones activas y pasivas. En este caso se emplea la ley no lineal de suma del Flicker.

- El análisis de correlación (perturbaciones activas y reactivas de la potencia).

- Diferencial, es la medición en dos puntos diferentes de la fuente de perturbación.

Medición del Flicker

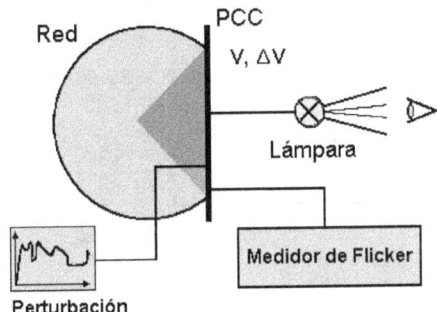

$$d(t) = \frac{\Delta V}{V} = \frac{\Delta S(t)}{S_{cc}(t)} \cdot \cos(\psi - \varphi)$$

d(t): cambio relativo de tensión

$\Delta S(t)$: cambio de potencia de la carga

$S_{cc}(t)$: potencia de cortocircuito

Ψ: ángulo de S_{cc}

φ: ángulo del cambio de carga

Grado de irritación del Flicker

El grado de irritación del flicker sobre las personas depende fundamentalmente de los siguientes parámetros:

- **La forma de fluctuación de la tensión**: si es un escalón, una rampa, un pulso. También influye si es un solo evento, si es periódico o aleatorio. Las variaciones lentas de tensión perturban menos.

- **Frecuencia característica de las lámparas**:

  ✦ Incandescentes: razón de luminosidad relativa contra variación relativa de tensión, tiene una ganancia de 3 a 4 con constantes de tiempo entre 15 y 40 ms, la que depende de la inercia térmica del filamento.

  ✦ Fluorescentes: se comportan completamente diferente. Cambian instantáneamente su luminosidad. Son poco sensibles a los cambios lentos, pero en las altas frecuencias de fluctuación asciende su sensibilidad.

- **El ojo humano y la reacción cerebral**: máxima alrededor de 8,8 Hz. Periodo de integración 300 ms. El rango de importancia está entre 0,5 Hz y 30 Hz.

Según la norma IEC 868 el flickérmetro es un analizador de amplitud, con la frecuencia de la red como frecuencia portadora, con filtros pasa banda y emulaciones de la característica de respuesta del conjunto lámpara – ojo – cerebro.

El medidor de Flicker (basado en IEC 868-86/90)

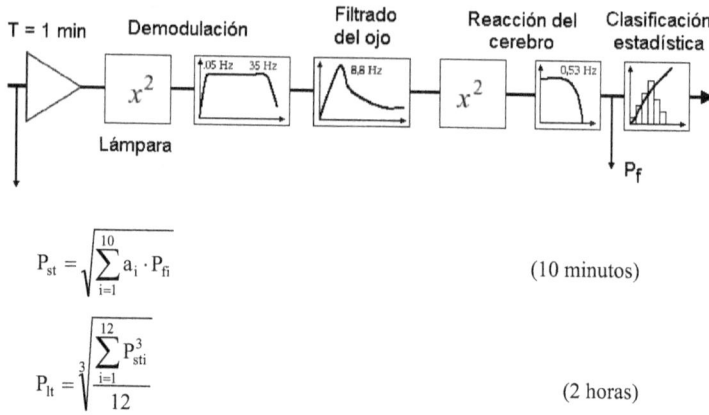

$$P_{st} = \sqrt{\sum_{i=1}^{10} a_i \cdot P_{fi}}$$

(10 minutos)

$$P_{lt} = \sqrt[3]{\frac{\sum_{i=1}^{12} P_{sti}^3}{12}}$$

(2 horas)

Medición de la Calidad de Servicio

Como se ha mencionado en el Capítulo 1, actualmente la **Calidad del Servicio** suministrado por las empresas distribuidoras son controladas en los siguientes aspectos:

✦ **Calidad del Servicio Técnico**: (frecuencia y duración total de las interrupciones).

✦ **Calidad del Producto Técnico**: (nivel de tensión y perturbaciones).

✦ **Calidad del Servicio Comercial**: (tiempos de respuesta para conectar nuevos usuarios, emisión de facturación estimada, reclamos por errores de facturación, restablecimiento del suministro suspendido por falta de pago).

Las mediciones y los elementos que se utilizan para realizar estos controles son:

		Parámetro	Elemento
Calidad del Servicio Técnico	Frecuencia de la interrupción	Cantidad de cortes	Libro de Guardia
	Duración de la interrupción	Cortes > 3 minutos	
Calidad del Producto Técnico	Niveles	Tensión, Corriente, Potencias, Energías, etc.	Analizadores de red
	Perturbaciones	Huecos	
		Cortes	
		Sobretensiones	
		Fluctuaciones	Flickérmetros
		Distorsión armónica	Medidor de armónicos
Calidad del Servicio Comercial		Incumplimientos	Registros administrativos

18

Contratos de Concesión

Contratos de concesión

Calidad del Servicio

En la actualidad la calidad de la forma de onda de la tensión de suministro ha pasado a ser de interés directo de las compañías prestatarias y de los usuarios de la energía eléctrica, ya que de las nuevas reglas del mercado eléctrico surgen explícitamente las obligaciones y derechos sobre esta forma de calidad.

La reestructuración del Sector Eléctrico Argentino introdujo nuevos conceptos en lo que respecta a la Calidad del Servicio Suministrado, que si bien no resultaban técnicamente desconocidos con anterioridad, no eran de aplicación sistemática en las empresas distribuidoras estatales.

En general no existían límites admisibles para la prestación en lo que se refiere a la Calidad del Suministro y, de existir, no se desarrollaban metodologías precisas de control, ni se encontraban penalizados los apartamientos a los mismos, como tampoco se bonificaba a los usuarios por recibir una Calidad de Servicio inferior a la correspondiente a la tarifa abonada.

Como resultado de la mencionada reestructuración, los Contratos de Concesión del Servicio Público de Distribución de Energía Eléctrica prevén la existencia de un régimen de penalizaciones en los casos en que las concesionarias superen los límites establecidos de Calidad del Servicio, basados en el Costo de la Energía No Suministrada, otorgando a las empresas una señal para que sus inversiones sean acordes a las previstas al momento de determinar las tarifas.

Por lo tanto, dado que son los usuarios afectados los destinatarios de las penalizaciones aplicadas a las empresas por superar los indicadores de la Calidad del Servicio, las mismas actúan como compensación, reflejando la valorización que la sociedad le ha dado a la energía eléctrica, y adecuando el costo (tarifa) que paga la sociedad a la Calidad realmente suministrada por las Distribuidoras.

Actualmente la Calidad del Servicio suministrado por las empresas concesionadas son controladas por los Entes Reguladores, en los siguientes aspectos:

- **Calidad del Servicio Técnico:** (Frecuencia y duración total de las interrupciones)

- **Calidad del Producto Técnico:** (Nivel de Tensión y Perturbaciones)

- **Calidad del Servicio Comercial:** (Tiempos de respuesta para conectar nuevos usuarios, emisión de facturación estimada, reclamos por errores de facturación, restablecimiento del suministro suspendido por falta de pago)

Cumplimiento de otras obligaciones de las Distribuidoras (por ejemplo, Seguridad Pública y Medio Ambiente).

En los Contratos de Concesión se establece que los controles de la **Calidad del Servicio** se realizan básicamente en tres etapas consecutivas:

- **Etapa Preliminar:** Tiene una duración de un año o dos años a partir de la fecha de toma de posesión, y en ella se efectúa la revisión e implementación de las metodologías de control. No se aplican penalizaciones, constituyéndose en un período destinado a la realización de inversiones para adecuar las instalaciones a las exigencias de Calidad de Servicio previstas en la Etapa siguiente.

- **Etapa 1:** La duración es de tres años, y en ella se establecen los controles de la **Calidad del Servicio Técnico** en función a indicadores de frecuencias y tiempo total de las interrupciones, de la **Calidad del Producto Técnico** sólo en lo que se refiere a los apartamientos del Nivel de Tensión, y de la **Calidad del Servicio Comercial** en función de los plazos establecidos para concretar pedidos de conexión del suministro eléctrico, de la emisión de facturaciones estimadas, y en general de todo incumplimiento al Reglamento de Suministro de Energía Eléctrica. En esta etapa se debe aplicar sanciones en los casos en que se registren apartamientos a los límites establecidos.

- **Etapa 2:** Se debe iniciar al finalizar la Etapa 1, efectuándose controles a nivel de usuario, tanto en lo que se refiere a la Calidad del Servicio Técnico como a la Calidad del Producto Técnico, contemplándose para esta última el control del Nivel de Tensión y de las Perturbaciones. Se debe mantener el control de la Calidad del Servicio Comercial con índices más exigentes, estableciéndose sanciones en todos los casos en que se registren apartamientos a los límites establecidos.

Las exigencias en cuanto al cumplimiento de los parámetros preestablecidos se aplican de acuerdo al siguiente cronograma:

- **Etapa Preliminar**: el Ente Regulador y la Distribuidora revisan y completan la metodología de medición y control de los indicadores de calidad que se controlan en los siguientes 36 meses.

- **Etapa 1**: se exige el cumplimiento de los indicadores y valores prefijados para esta etapa. El incumplimiento de los mismos da lugar a la aplicación de las sanciones.

- **Etapa 2**: se controla la prestación del servicio en cada suministro. Se tolera hasta un determinado límite las variaciones de tensión, la cantidad de cortes mayores a 3 minutos de duración y el tiempo total sin servicio. En los suministros en que se exceden estos valores la Distribuidora le reconoce al usuario un crédito en la facturación del semestre inmediatamente posterior al registro, cuyo monto es proporcional a la energía suministrada en condiciones no satisfactorias (variaciones de tensión mayores a las admitidas) o a la energía no suministrada (frecuencia y duración de los cortes por encima de los admitidos).

A.- Calidad del Producto Técnico

De acuerdo a los Contratos de Concesión los aspectos de calidad del producto técnico que se controlan son las perturbaciones y el nivel de tensión.

Las perturbaciones que se controlan son las variaciones rápidas de tensión (flicker), las caídas lentas de tensión y las armónicas.

Nivel de Tensión	Etapa 1	Etapa 2
Alta Tensión	- 7% + 7%	- 5% + 5%
Media o Baja Tensión aérea	-10% +10%	- 8% + 8%
Media o Baja Tensión subterránea	- 7% + %7	- 5% + 5%
Rural	-13% +13%	-10% +10%

- **Variación rápida de tensión.** Variación del valor eficaz de la tensión entre dos niveles adyacentes, manteniéndose cada uno de ellos durante un tiempo específico pero no determinado.

- **Fluctuaciones de tensión.** Serie de variaciones de tensión o variación cíclica de la envolvente de la onda de tensión.

- **Flicker.** Impresión subjetiva de fluctuación de la luminancia.

- **Umbral de irritabilidad del Flicker.** Fluctuación máxima de luminancia que puede ser soportada sin molestia por una muestra específica de población.

- **Índice de severidad del Flicker de corta duración (P_{st}).** Índice que evalúa la severidad del Flicker en cortos intervalos de tiempo (intervalo de observación base de 10 minutos). Se considera $P_{st} = 1$ como el umbral de irritabilidad.

- **Índice de severidad del Flicker de larga duración (P_{lt}).** Índice que evalúa la severidad del Flicker en largos intervalos de tiempo (intervalo de observación base de 2 horas), teniendo en cuenta los sucesivos valores del índice de severidad del Flicker de corta duración según la siguiente expresión:

$$P_{lt} = \sqrt[3]{\sum_{i=1}^{12} \frac{P_{sti}^3}{12}}$$

- **Tensión armónica.** Una tensión sinusoidal con una frecuencia igual a un entero múltiplo de la frecuencia fundamental de la tensión de suministro. Las Tensiones Armónicas se pueden evaluar:

  ✦ individualmente, por su amplitud relativa (U_i) relacionada a la tensión fundamental (U_1), donde i es el orden de la armónica;

✦ globalmente, por ejemplo por la Tasa de Distorsión Total (TDT), calculada usando la siguiente expresión:

$$TDT = \sqrt{\sum_{i=2}^{40}\left(\frac{U_i}{U_1}\right)^2}$$

B.- Calidad del Servicio Técnico

La Calidad del Servicio Técnico se evalúa en base a los dos siguientes indicadores:

- **Frecuencia de interrupciones** (cantidad de veces en un período determinado que se interrumpe el suministro a un usuario).

- **Duración total de la interrupción** (tiempo total sin suministro en un período determinado).

En los Contratos de Concesión se fijan los valores máximos admitidos para cada indicador, los que no deben ser excedidos para no ser sancionados.

El control de la Calidad del Servicio Técnico se realiza en dos etapas:

- **Etapa 1**: el control se efectúa mediante índices globales y aproximados que representen, de la mejor forma posible, el grado de cumplimiento de los indicadores de frecuencia de interrupciones y tiempo total de interrupción de cada usuario. El período mínimo de control es el semestre. Si los indicadores exceden los valores prefijados para esta Etapa, se aplican sanciones en la forma de bonificaciones en la facturación del semestre inmediato posterior al semestre controlado.

- **Etapa 2**: se calcula para cada usuario la cantidad de cortes y el tiempo total de interrupción que ha sufrido en el semestre. Si se exceden de los valores prefijados para esta Etapa, la Distribuidora debe reconocer un crédito en favor del usuario, que lo incluirá en las facturaciones del semestre posterior al de control.

Calidad del Servicio Técnico – Etapa 1

- **Etapa 1**: se controla en base a indicadores que refieren la frecuencia y el tiempo que queda sin servicio la red de distribución.

  ✦ Se subdivide en tres Subetapas de 1 año de duración cada una:

    - <u>Subetapa 1</u>: primer año.

    - <u>Subetapa 2</u>: segundo año.

    - <u>Subetapa 3</u>: tercer año.

  ✦ Los límites de la red sobre la cuál se calculan los indicadores son, por un lado la botella terminal del alimentador MT en la subestación AT/MT, y por el otro, los bornes BT del transformador de rebaje MT/BT.

✦ Para el cálculo de los índices se computan tanto las fallas en la red de distribución como el déficit en el abastecimiento (generación y transporte), no imputable a causas de fuerza mayor.

✦ La Distribuidora hace presentaciones semestrales al Ente Regulador con los resultados de su gestión en el semestre inmediato anterior. El Ente puede auditar cualquier etapa del proceso de determinación de índices.

- Los indicadores que se calculan son:

  ✦ **Índices de interrupción por transformador** (frecuencia media de interrupción - FMIT y tiempo total de interrupción - TTIT).

  ✦ **Índices de interrupción por kVA nominal instalado** (frecuencia media de interrupción - FMIK y tiempo total de interrupción - TTIK).

  ✦ **Índices de interrupción adicionales** (tiempos totales de primera y última reposición y energía de media indisponible).

La metodología de cálculo y los valores máximos para estos indicadores se detallan en los Contratos de Concesión.

Índice de Interrupción por Transformador

- Los índices a calcular son los siguientes:

  ✦ **FMIT- Frecuencia media de interrupción por transformador** instalado (en un período determinado representa la cantidad de veces que el transformador promedio sufrió una interrupción de servicio).

  ✦ **TTIT- Tiempo total de interrupción por transformador** instalado (en un período determinado representa el tiempo total en que el transformador promedio no tuvo servicio).

Índice de Interrupción por Transformador – Etapa 1

Se calculan de acuerdo a las siguientes expresiones:

$$FMIT = \frac{\sum_{1}^{n} Q_{fsi}}{Q_{inst}} \qquad TTIT = \frac{\sum_{1}^{n} Q_{fsi} \cdot T_{fsi}}{Q_{inst}}$$

donde:

Σ: sumatoria de todas las interrupciones del servicio (contingencias) en el semestre que se está controlando.

Q_{fsi}: cantidad de transformadores fuera de servicio en cada una de las contingencias i.

Q_{inst}: cantidad de transformadores instalados.

T_{fsi}: Tiempo que han permanecido fuera de servicio los transformadores Q_{fs}, durante cada una de las contingencias i.

Los valores tope admitidos para estos índices, por semestre, son los siguientes:

Etapa 1	Fallas Internas (menor o igual que)				Fallas Externas (menor o igual que)	
	FMIT veces por semestre	TTIT horas por semestre			FMIT veces por semestre	TTIT horas por semestre
Subetapa 1	3,0	4,0	12,0	12,0	5,0	20,0
Subetapa 2	2,5	3,0	9,7	11,5	3,0	12,0
Subetapa 3	2,2	2,6	7,8	9,6	2,0	6,0
Distribuidora	EDENOR	EDESE	EDENOR	EDESE	EDENOR y EDESE	

Índices de interrupción por kVA nominal instalado

- Los índices a calcular son los siguientes:

  a) **FMIK - Frecuencia media de interrupción por kVA instalado** (en un período determinado representa la cantidad de veces que el kVA promedio sufrió una interrupción de servicio).

  b) **TTIK - Tiempo total de interrupción por kVA nominal instalado** (en un período determinado representa el tiempo total en que el kVA promedio no tuvo servicio).

Índice de Interrupción por kVA instalado – Etapa 1

Se calcularán de acuerdo a las siguientes expresiones:

$$FMIK = \frac{\sum_{1}^{n} KVA_{fsi}}{KVA_{inst}} \qquad TTIK = \frac{\sum_{1}^{n} KVA_{fsi} \cdot KVA_{fsi}}{KVA_{inst}}$$

donde:

Σ: sumatoria de todas las interrupciones del servicio (contingencias) en el semestre que se está controlando.

KVA_{fsi}: cantidad de kVA nominales fuera de servicio en cada una de las contingencias i.

KVA_{inst}: cantidad de kVA nominales instalados.

Tfsi: Tiempo que han permanecido fuera de servicio los kVA nominales kVA$_{fs}$, durante cada una de las contingencias i.

Los valores tope admitidos para estos índices, por semestre, son los siguientes:

Etapa 1	Fallas Internas (menor o igual que)				Fallas Externas (menor o igual que)	
	FMIK veces por semestre	TTIK horas por semestre	FMIK veces por semestre	TTIK horas por semestre	FMIK veces por semestre	TTIK horas por semestre
Subetapa 1	1,9	2,3	7,0	8,7	5,0	20,0
Subetapa 2	1,6	2,1	5,8	7,5	3,0	12,0
Subetapa 3	1,4	1,8	4,6	6,7	2,0	6,0
Distribuidora	EDENOR	EDESE	EDENOR	EDESE	EDENOR y EDESE	

Índices de Interrupción adicionales

Complementariamente a los indicadores descriptos anteriormente, la Distribuidora debe calcular los siguientes indicadores adicionales e informar al Ente Regulador sobre los resultados semestrales. No se fijan límites o topes para ellos, ni generan la aplicación de sanciones.

- **TPET - Tiempo medio de primera reposición por transformador.** Se calcula considerando solamente los transformadores repuestos al servicio luego de la interrupción del servicio en la primera maniobra de reposición.

- **TPRK - Tiempo medio de primera reposición por kVA nominal.** Se calcula considerando solamente los kVA nominales vueltos al servicio en la primera maniobra de reposición del servicio, luego de la contingencia.

- **TURT - Tiempo medio de última reposición por transformador.** Se calcula considerando solamente los transformadores involucrados en la última maniobra que permite reponer el servicio a todos los usuarios afectados por la interrupción del suministro (último reposición).

- **TURK - Tiempo medio de última reposición por kVA nominal.** Se calcula considerando solamente los kVA nominales involucrados en la última maniobra que permite reponer el servicio a todos los usuarios afectados por la interrupción del suministro (última reposición).

- **ENI - Energía nominal indisponible.** Es una estimación de la capacidad de suministro indisponible durante una interrupción, en términos de energía.

Calidad del Servicio Técnico en la Etapa 2

Se controla el nivel de suministro a cada usuario y los valores máximos admitidos son los siguientes (para EDENOR y EDESE):

Frecuencia de interrupciones:

a) Usuarios en AT: 3 interrupciones/semestre

b) Usuarios en MT: 4 interrupciones/semestre

c) Usuarios en BT:

✦ (pequeñas y medianas demandas):   6 interrupciones/semestre

✦ (grandes demandas):   6 interrupciones/semestre

Tiempo máximo de interrupción:

a) Usuarios en AT: 2 horas/interrupción

b) Usuarios en MT: 3 horas/interrupción

c) Usuarios en BT:

✦ (pequeñas y medianas demandas):   10 horas/interrupción

✦ (grandes demandas):   6 horas/interrupción

No se computarán las interrupciones menores a 3 minutos.

C.- Calidad del Servicio Comercial

Los Contratos de Concesión establecen que la Distribuidora debe extremar sus esfuerzos para brindar a sus usuarios una atención comercial satisfactoria.

Los distintos aspectos de la misma se controlan por medio de indicadores de tal forma de orientar sus esfuerzos hacia:

- el conveniente acondicionamiento de los locales de atención al publico, para asegurar que la atención sea personalizada,
- evitar la excesiva perdida de tiempo del usuario, favoreciendo las consultas y reclamos telefónicos.
- satisfacer rápidamente los pedidos y reclamos que representen los usuarios y emitir facturas claras, correctas y basadas en lecturas reales

Si la Distribuidora no cumple se hace pasible a las sanciones.

Conexiones

Los pedidos de conexión deben establecerse bajo normas y reglas claras para permitir la rápida satisfacción de los mismos.

Solicitada la conexión de un suministro y realizadas las tramitaciones y pagos pertinentes, la Distribuidora debe proceder a la conexión del suministro dentro de los siguientes plazos (para EDENOR y EDESE):

a) Sin modificaciones a la red existente

- Etapa 1:

    + Hasta 50 kW: 15 días hábiles.

    + Más de 50 kW: plazo a convenir con el usuario.

    + Recolocación de medidores: 3 días hábiles.

- Etapa 2:

    + Hasta 50 kW: 5 días hábiles.

    + Más de 50 kW: plazo a convenir con el usuario.

    + Recolocación de medidores: 1 día hábil.

b) Con modificaciones a la red existente

- Etapa 1:

    + Hasta 50 kW: 30 días hábiles para conexión aérea.

    + Hasta 50 kW: 45 días hábiles para conexión subterránea.

    + Mas de 50 kW: plazo de hasta 90 días, a convenir con el usuario.

- Etapa 2:

    + Hasta 50 kW: 15 días hábiles para conexión aérea.

    + Hasta 50 kW: 30 días hábiles para conexión subterránea.

    + Mas de 50 kW: plazo de hasta 60 días, a convenir con el usuario.

- Para los pedidos de conexión cuyos plazos se convienen con el usuario, en caso de no llegar a un acuerdo, éste puede plantear el caso ante el Ente Regulador, quién resuelve en base a la información técnica que debe suministrar la Distribuidora, Resolución que es inapelable y pasible de sanción en caso de incumplimiento.

CALIDAD DE SERVICIO - CAMMESA

Compañía Administradora del Mercado Mayorista Eléctrico Sociedad Anónima

Antes de comenzar cada semestre CAMMESA realiza estudios de Calidad de Servicio para las Programaciones Estacionales en base a las siguientes pautas.

Indicadores de calidad

La calidad de servicio se analiza desde el punto de vista de la continuidad del suministro de energía eléctrica tomando en consideración variaciones de demanda, fallas en el equipamiento de generación y/o del sistema de transporte que pudieran provocar cortes de demanda en el sistema, ya sea en forma programada por no contar con suficiente oferta para abastecer la demanda, como en forma intempestiva por actuación de relés de corte por subfrecuencia, denominado Actuación del Esquema de Alivio de Cargas.

Se utilizan como indicadores de calidad a los siguientes:

- C.T.: Cantidad de MW de corte
- ENS: Energía No Suministrada
- N° Cortes: Frecuencia de interrupciones al suministro.

Método para la evaluación de los indicadores de calidad

Los indicadores correspondientes a cortes programados, denominados Riesgo de Potencia, se evalúan a partir de variaciones discretas de la demanda prevista, para estados (n) y (n − 1) del sistema de transporte modelado y de sorteos de disponibilidad para el parque generador.

La calidad no programada, obtenida a partir de pérdidas intempestivas de grupos generadores y pérdidas de vínculos de transporte se estima sintéticamente de la siguiente manera:

- A partir del modelo de despacho estacional se obtienen los estados de cargas de los distintos corredores y las potencias despachadas de los grupos térmicos, para las distintas bandas horarias, semanas y para cada una de las distintas crónicas de simulación.
- Las fallas típicas del sistema de transporte (fallas simples y doble por tornados) se modelan a partir de su estadística más reciente.
- Para el caso de corredores, se calcula la DAG (Desconexión Automática de Generación) a aplicar ante la pérdida de los mismos para los distintos estados de cargas.
- Conocida la pérdida de Generación, provocada por la actuación de DAG o por salida intempestiva de los propios generadores, se estima la actuación del esquema de alivio de cargas, obteniéndose en definitiva los cortes previsibles.
- La esperanza matemática del corte total se obtiene sumando los cortes antes calculados, para cada banda horaria, para cada crónica y para cada semana, pesados por la probabilidad de la respectiva banda, semana y crónica.
- La energía no suministrada se calcula de manera análoga, pesándola además por la duración media de la perturbación.
- La frecuencia de falla se calcula como la suma de los estados que presentan cortes, calculados para cada banda, para cada crónica y para cada semana, pesados por la probabilidad de la citada banda, semana y crónica.

Armónicos: rectificadores y compensadores activos – Bettega/Fiorina – Schneider Electric - 2000.

Configuración con inversor serie para la corrección del factor de potencia - Oscar Pérez Pimiento - UPM-DIE – 1999.

Contrato de Concesión de EDENOR: Empresa Distribuidora Norte S.A.

Contrato de Concesión de EDESE: Empresa de Distribución de Electricidad de Santiago del Estero S.A.

Contrato de Concesión de TRANSNOA: Empresa de Transporte de Energía Eléctrica por Distribución Troncal del Noroeste Argentino.

Decreto Nacional Reglamentario - Decreto N° 1398/1992.

Detección y filtrado de armónicos – Schneider Electric.

Estabilidad dinámica de las redes eléctricas industriales – Metz-Noblat/Jeanjean – Schneider Electric – 2000.

Flicker o parpadeo de las fuentes luminosas – Pierda – Schneider Electric – 2001.

Guía sobre la calidad de la onda en las redes eléctricas – UNESA – 1996.

Informes Anuales del ENRE.

Informes Anuales del MEM de CAMMESA.

La Amenaza de los Armónicos y sus Soluciones – Pérez Miguel/Bravo de Medina/Llorente Antón – Paraninfo – 2000.

La calidad de la energía eléctrica – P. Ferracci – Schneider Electric - 2004

Las peculiaridades del 3° armónico – Schonek – Schneider Electric – 2001.

Las perturbaciones eléctricas en BT – Calvas – Schneider Electric – 2001.

Ley Nacional de Energía Eléctrica – Ley N° 15.336.

Los armónicos en las redes perturbadas y su tratamiento - Collombet/Lupin/Schonek – Schneider Electric – 2000.

Manual de la Calidad de la Energía – Pirelli/Sica – 2000.

194

Marco Regulatorio Eléctrico Nacional - Ley N° 24.065.

Onduladotes y armónicos – Fiorina – Schneider Electric – 1993.

Privatización del Mercado Eléctrico – Salzman/Mendl – AEA: Asociación Electrotécnica Argentina – 1992.

Procedimientos para la Programación de la Operación, el Despacho de Cargas y el Cálculo de Precios – Versión XIX – CAMMESA: Compañía Administradora del Mercado Mayorista Eléctrico - 2003.

Reglamentación para la Ejecución de Instalaciones Eléctricas en Inmuebles – Asociación Electrotécnica Argentina – 2002.

Resoluciones de la SE: Secretaria de Energía de la Nación.

Resoluciones del ENRE: Ente Nacional Regulador de la Electricidad.

Sobretensiones y coordinación de aislamiento – Fulchiron – Schneider Electric – 1994.

Transformación del Sector Eléctrico Argentino – C.M. Bastos y M.A. Abdala – Pugliese Siena SRL – 1995.

Otros Títulos de esta Editorial

MATEMATICA

Algebra y Geometría. Molina-Gigena-Joaquin-Gomez- Vignoli.

Análisis Matemático I. Azpilicueta-Gigena-Joaquin-Molina-Cabrera.

Matemática I para Ciencias Naturales. Vera de Payer - Molina - Gigena - Ludueña Almeida.

Algebra Lineal. Elizabeth Vera de Payer.

Introducción a la Matemática. Azpilicueta-Gigena-Molina-Gómez. (En preparación)

Análisis Matemático II. Gigena - Binia - Joaquín - Cabrera - Abud 2° Ed. (En preparación)

FISICA Y QUIMICA

Notas de Química General. P. Carranza - S. Faillaci.

Física I. G. V. Morelli. (En preparación)

Física II. Electromagnetismo. G. V. Morelli.

Física III. G. V. Morelli. (En preparación)

Calor y Termodinámica. G. V. Morelli. (En preparación)

Mecánica. G. V. Morelli. (En preparación)

Termodinamica Técnica. F. Arenas (En preparación)

DISEÑO

Representación Gráfica I. O. Maligno y otros.

INGENIERIA E INFORMATICA

Algoritmos y Estructuras de Datos. Valerio Fritelli.

Aprenda Lenguaje ANSI C. J. García.

Aprenda C++. J. García.

Lenguaje C++. K. Barclay.

Aprenda Java. J. García.

Aprenda Visual Basic. J. García.

Sistemas Operativos. Norberto Cura.

Comunicaciones. J. Galoppo - C. Montaña Mansur.

Redes de Información. C. Sánchez-J. Galoppo. 3° Edición.

Introducción a Sistemas de Control. Víctor H. Sauchelli. 4° Edición.

Sistemas Celulares de Comunicaciones Móviles. J. Galoppo.

Métodos Numéricos. Rosendo Gil Montero.

Res. de Prob. con Matlab. Métodos Numéricos. R. Gil Montero.

Res. Prob. con Matlab. Sistemas de Control. V. Garrone.

Guía de Introducción a Matlab. J. García - J. Rodriguez.

Resolución de Problemas con C++. Rosendo Gil Montero.

Comunicaciones de Datos y Redes de Información. Norberto Cura (2 Tomos).

ADSL - Asymetric Digital Subscriber Line. Norberto Cura.

Economía para Ingenieros. E. Masciarelli. (En preparación).

Problemas Resueltos de Economía. E. Masciarelli.

Gestión de la Calidad. Carlos Boero. 2° Edición.

Organización Industrial. C. Boero.

INGENIERIA INDUSTRIAL

Gestión de Abastecimiento. Carlos Boero.

Costos Industriales. C. Boero.

Evaluación de Proyectos. C. Boero.

Mantenimiento Industrial. C. Boero.

Introducción a la Logística. C. Boero.

Gestión de Mantenimiento. L. Torres.

Mercadotecnia. M. Gómez - G. Gimenez.

Costos Industriales. F. Antón - O. Giovannini.

Recursos Humanos. M. Gomez - G. Gimenez.

Planificación y Control de la Producción. F. Antón - O. Giovannini.

ELECTRONICA Y COMUNICACIONES

Teoría de las Comunicaciones. Pedro Danizio.

Dispositivos Electrónicos. Carlos Chaer.

Fuentes Conmutadas. Juan Carlos Floriani.

Sistemas de Control No Lineales. V. Sauchelli.

Sistemas de Control Digitales. V. Sauchelli.

Teoría de la Información y Codificación. V. Sauchelli.

Teoría de Señales y Sistemas Lineales. V. Sauchelli.

Teoría Moderna de Filtros con Matlab. Walter Monsberger.

Mediciones Electrónicas. Hugo Grazzini.

Teoría de Señales. E. Vera de Payer.

Análisis Conjunto Tiempo-Frecuencia. E. Vera de Payer.

Elementos de Prog. en C++ para Electrónicos. E. Destéfanis.

AERONAUTICA

El Avión. Calidad del equilibrio, control y estabilidad dinámica. José A. Sirena.

Dinámica de los Gases. J. Tamagno (En preparación).

MECANICA - ELECTRICIDAD

Sistemas de Puesta a Tierra. Juan Carlos Arcioni.

Mediciones en Alta Tensión. Alberto Torresi.

Sobretensiones. Alberto Torresi.

INGENIERIA CIVIL

Introducción a la Teoría de la Elasticidad. Godoy-Pratto-Flores.

Estructuras Metálicas. Gabriel Troglia.

Proyectos, Dirección de Obras y Valuaciones. A. Armesto.

Ejercicios de Sistemas Planos de Alma Llena. Juan Weber

Lluvias de Diseño. G. Caamaño Nelli - C. Dasso.

Proyecto y Arq. de las Instalaciones Eléctricas. R. Levy.

Gestión, regulación y Control de Servicios Públicos. FCEFyN-UNC.

Congreso Internacional de Servicios Públicos. FCEFyN-UNC.

BIOINGENIERIA

Seguridad y Normalización en Instalaciones Eléctricas Hospitalarias. R. Taborda.

Diagnóstico por Imágenes. M. Malamud.

La presente edición de *Calidad de la
Energía Eléctrica* se terminó de
imprimir en Universitas en el mes
de agosto de 2020.

Impreso en Argentina

199